国网安徽电力安全生产领域劳模创新成果集

（2018年度）

国网安徽省电力有限公司　组编

中国科学技术大学出版社

内容简介

本书是2018年国网安徽省电力有限公司自主知识产权项目研发成果集,也是一批楷模以身作则、言传身教的心血结晶。全书分变电篇、配电篇、输电篇,包含63项创新成果,实用性强。这些创新成果切实解决了生产一线的难题,对提升生产业务安全、质量水平以及效率和效益发挥了重要作用。

本书可供电网企业从事安全生产工作的技术人员和管理人员学习、培训使用,也可供电力行业及设备生产厂家的相关人员自学使用,还可供大专院校相关专业的师生阅读参考。

图书在版编目(CIP)数据

国网安徽电力安全生产领域劳模创新成果集.2018年度/国网安徽省电力有限公司组编.—合肥:中国科学技术大学出版社,2019.11
ISBN 978-7-312-04781-7

Ⅰ.国… Ⅱ.国… Ⅲ.电力工业—安全生产—成果—汇编—安徽—2018
Ⅳ.TM08

中国版本图书馆CIP数据核字(2019)第169667号

出版	中国科学技术大学出版社 安徽省合肥市金寨路96号,230026 http://press.ustc.edu.cn https://zgkxjsdxcbs.tmall.com
印刷	合肥市宏基印刷有限公司
发行	中国科学技术大学出版社
经销	全国新华书店
开本	787 mm×1092 mm 1/16
印张	17.5
字数	353千
版次	2019年11月第1版
印次	2019年11月第1次印刷
定价	108.00元

本书编委会

主　编	董国伦					
副主编	洪天炘	江和顺	邱欣杰	孔令如		
编　委	张　健	王吉文	房贻广	王刘芳	季　坤	田　宇
	刘文烨	黄道友	凌　松	严　波	高方景	刘　军
	肖安南	甘德志	杜蓓蓓	甄　超	朱胜龙	李坚林
	郭成英	沈哲夫	柯艳国	罗　沙	谢　佳	戚振彪
	郝　雨	徐　飞	周远科	胡跃云	赵永生	操松元
	方登洲	张征凯	康　健	王　翀	马骁兵	秦少瑞
	丁兆硕	程登峰	朱太云	杨　为	张晨晨	李宾宾
	秦金飞	夏令志	吴兴旺	尹睿涵	白　涧	汤建华
	曹元远	孟　令	徐广源	朱　宁	王　翔	陈　成
	胡良焕	周明恩	王宜福			

序

敢为人先,做创新创效的追求者;

实干在先,做工匠精神的践行者;

创新争先,做卓越发展的开拓者。

中国共产党第十九次全国代表大会提出,创新是引领发展的第一动力,要建设知识型、技能型、创新型劳动者大军,弘扬劳模精神和工匠精神,营造精益求精的敬业风气。在国网安徽省电力有限公司2018年年中工作会议上,陈安伟董事长提出,要强化创新驱动,立足解决实际问题,推动全员、全面、全方位创新,激发职工首创精神,汇集众智、凝聚众力,为公司事业发展注入源源不断的动力。安全生产领域职工创新工作立足工作现场、着眼提质增效、致力推广应用,是贯彻落实国家"双创"战略的重要举措,是推动公司高质量发展的重要助力。

创新是企业快速发展、不断突破的根本。公司通过安全生产领域解放思想大讨论活动,全面提升"五种能力",昂扬向上的工作态势基本形成。为践行公司"三先"工作理念,弘扬钉钉子的工作作风和精益求精的工匠精神,设备部联合工会,立足新时代智能运检工作,坚持目标引领、问题导向,全面推动安全生产领域劳模创新工作,充分发挥劳模创新工作室的示范作用,激励引导广大职工立足岗位创新创效、破解难题,助力公司建设现代化精益设备管理体系。

《国网安徽电力安全生产领域劳模创新成果集(2018年度)》是对公司近年来职工创新活动的总结和展示,是公司安全生产领域劳模创新团队潜心钻研、争创一流的体现,更是一批楷模以身作则、言传身教的心血结晶。这些创新成果切实解决了生产一线难题,在提升生产业务的安全、质量水平以及效率和效益等方面发挥了重要作用。

不忘初心，勇敢笃行。让我们进一步解放思想、锐意进取，激发活力、开拓创新，以敬业、精益、专注、创新的工匠精神，为开创公司高质量发展新局面作出新的更大贡献！

2019年8月

目 录

序 ………………………………………………………………………………………… i

变 电 篇

项目 1	110 kV 变压器现场空、负载损耗试验装置	003
项目 2	特高压GIS快速耐压试验装置	006
项目 3	便携式气动短路接地装置	010
项目 4	创新构建带电区域施工作业"安全屋"	014
项目 5	特高压变电站智能巡视单兵装置	017
项目 6	变电设备主人关键业务智能化研究及应用	021
项目 7	智能变电站二次状态监测与安全预警系统	025
项目 8	刀闸电动操作机构精准安装平台	029
项目 9	一种新型高压等电位布油枪	032
项目 10	线路参数测试辅助装置	036
项目 11	绝缘绳交流耐压绕绳装置	039
项目 12	新型SF_6气体综合在线监测系统	043
项目 13	压接式设备线夹电动破拆工具	048
项目 14	智能化变电站继电保护设备检修二次安全隔离措施可视化系统	052
项目 15	端子箱内智能加热器	056
项目 16	一种继电保护电流试验端子专用夹钳	060
项目 17	多功能状态检修平台	065
项目 18	一种电流致热型发热缺陷带电处理装置	069
项目 19	多功能自动排线数显电源盘	072
项目 20	气体绝缘电气设备运维检修作业平台	077
项目 21	设备线夹快速钻孔定位尺	082
项目 22	电网站域防误操作系统	086
项目 23	断路器机械特性试验二次端子自保持接线器	092
项目 24	基于循环置换的变电站开关柜运行环境智能调控装置	096

项目25　10～35 kV手车开关绝缘挡板电磁闭锁装置 ·· 102
项目26　用于能量管理系统的设备信息模块 ·· 106
项目27　一种开关柜母线接地装置 ·· 110
项目28　倒闸操作智能移动作业APP ·· 113

配 电 篇

项目1　节能型配网绿色发展新模式 ·· 121
项目2　便携式一体化架空配电线路带电接火自动装置 ································ 125
项目3　配网带电作业隔离防护墙 ·· 129
项目4　10 kV ZW32型柱上断路器吊装工具 ·· 134
项目5　配网巡检拍录器 ··· 138
项目6　架空线路驱鸟器安装操作杆 ·· 141
项目7　三相塑壳型断路器负载调相开关箱 ·· 145
项目8　新型双电源多备用插拔式低压开关柜 ··· 148
项目9　绝缘毯层间绝缘电阻摇测辅助器具 ·· 152
项目10　基于GSM通信的智能低压光伏防反送电系统 ································ 156
项目11　配电线路绝缘包裹机器人 ·· 160
项目12　10 kV高压柜故障抢修快速复电装置 ··· 164
项目13　便携式电动登杆机 ··· 168
项目14　配网T型电缆头专用接地线 ··· 173
项目15　山区10 kV电力线路穿越竹（树）林防积雪断线措施 ······················ 178
项目16　10 kV绝缘操作杆可拆卸摄像装置 ·· 182
项目17　配网杆上作业多功能工具平台 ·· 186
项目18　一种低压防弧伞 ··· 190
项目19　移动式工厂化预制作业平台 ··· 194
项目20　SF_6绝缘配电快速转接装置 ·· 198
项目21　一种极早期火灾预警系统 ·· 204

输 电 篇

项目1　输电线路智能移动巡检系统 ·· 211
项目2　基于北斗定位技术的输电线路舞动监测装置 ··································· 215
项目3　新型登塔防坠攀爬装置 ·· 219

项目 4　新型绝缘子取销器 ……………………………………………………………223
项目 5　液压式架空地线提升工器具 ……………………………………………………227
项目 6　输电线路钻桩式警示标桩支架 …………………………………………………231
项目 7　输电线路分体式多角度接地线 …………………………………………………236
项目 8　钢绞架空地线腐蚀检测装置 ……………………………………………………240
项目 9　输电线路避雷器地电位安装工器具 ……………………………………………243
项目 10　输电线路无人机测距装置 ………………………………………………………247
项目 11　"一键式"导线异物清除装置 …………………………………………………252
项目 12　输电线路直线角钢塔避雷线提升吊点 …………………………………………256
项目 13　耐张线夹主动保护装置 …………………………………………………………260
项目 14　带电悬挂绝缘软梯专用工具 ……………………………………………………264

变电篇

项目1
110 kV变压器现场空、负载损耗试验装置

国网安徽电科院

一、研究目的

空、负载损耗是电力变压器的一项重要性能参数,用来表示电力变压器在实际运行过程中的效率,是判断电力变压器设计制造是否满足要求的重要依据。相比传统的低电压、小电流条件下进行的空、负载试验,现场空、负载试验电压高、电流大,能够真实地反映电力变压器的实际运行情况,更能有效地发现铁芯等部件的缺陷。

为进一步保障国网安徽省电力有限公司系统变压器设备的安全、可靠、稳定运行,本项目旨在研制一套110 kV变压器现场空、负载损耗试验装置,以获得110 kV变压器现场空、负载损耗试验能力,以便开展抽检试验,从而引导和促进设备供应商更加重视变压器制造工艺及选材,提高供应商的质量管控意识,提升电网物资的质量。

二、研究成果

110 kV变压器现场空、负载损耗试验装置主要由变频电源、中间试验变压器、补偿电容器组、测量系统等组成,设计了阶梯式补偿电容器组,将补偿电容器组从原设计总重26 t降低到12 t以下。该装置能够满足安徽地区全部110 kV及部分220 kV变压器现场空、负载损耗试验。

三、创新点

本项目的主要创新点如下:

(1) 采用变频电源调压,满足了现场大功率调压的需求;同时中间试验变压器采用多挡位结构,可以保证空载电压以及不同分接位置下阻抗电压的试验需求。

(2) 提出电容器组进行无功功率补偿策略,可实现0～18900 kW无功功率的补偿,补偿后的剩余无功功率可低至150 kW或以下,降低了对变电站内电源容量的要求;同时设计了阶梯式电容器组,实现了运输和使用的便捷性。

(3) 研发了集成式测量系统。该装置集电压、电流、功率测量、换算及分析于一体,极大地减少了人工试验接线和试验数据的计算。

四、项目成效

1. 现场应用效果

该装置已在6座110 kV变电站中成功应用,有2台主变压器空、负载损耗抽检试验不合格。其中,某变电站#1主变压器额定分接下负载损耗(75 ℃)约210 kW,与出厂值的相对误差达+15%,远高于技术协议要求值(184 kW)和国标要求值(194 kW),存在重大缺陷,且厂家承认同批次的#2主变压器也存在类似情况。

2. 应用效益

(1) 经济效益

可有效避免公司出现重大经济损失。以上述2台主变压器为例,由于主变压器额定负载损耗(75 ℃)相比技术协议超出26 kW,#1、#2主变压器按30年使用寿命计算,额外增加的电量损耗累计可达1360万 kWh。

(2) 安全效益

保证电网安全稳定运行。空、负载损耗过大将导致在同样负载下,主变压器温升过快,加速设备老化;若主变压器长期运行在满负载下,主变压器温升严重,存在重大安全隐患,极大地降低了迎峰度夏、迎峰度冬等特殊情况下带大负荷的能力。

(3) 社会效益

降低能源损耗,提高电力利用率。通过空、负载损耗试验能够提早发现设备损耗过大的缺陷,避免在同样电力负荷下消耗更多的能源。

五、市场前景

随着电力负荷的逐年上升,对电力变压器的空、负载损耗提出了更严峻的考验。国网上海、江苏、安徽等电力公司近年来均委托第三方开展电力变压器抽检试验,本项目研制的110 kV变压器现场空、负载损耗试验装置能够对其进行有效补充。因为不需要来回运输电力变压器,极大地节约了成本,适合在省内大批量开展试验。同时该装置的研制策略具有较强的适应性,还可实现110 kV以上电压等级的电力变压器现场空、负载损耗试验,甚至包括特高压变压器,因此具有较大的推广价值。

项目团队 峰云劳模创新工作室

项目成员 秦金飞　杨道文　朱太云　丁国成　陈　忠　宋东波

项目2
特高压GIS快速耐压试验装置

国网安徽电科院

一、研究目的

气体绝缘金属封闭开关设备(简称GIS设备)具有结构紧凑、电磁兼容性好、运行安全、可靠等优点,已广泛应用于高压输变电工程中。特高压GIS设备在工厂组装并检验合格后,以运输单元的方式运送到变电站安装现场,其在运输及现场安装过程中,容易形成设备内部潜伏性缺陷,若在设备投运前未能及时发现,在设备带电后就可能会引起设备内部局部放电,严重时甚至造成设备内部发生击穿、闪络,导致绝缘事故。

GIS设备现场交接验收试验对于及时发现由于运输、安装过程造成的设备内部潜伏性缺陷具有重要作用。现场开展特高压GIS耐压试验通常采用串联谐振装置,一般额定电压为1200 kV。谐振电抗器采用4台300 kV/8 A的电抗器串联组成,单台电抗器重量达到2 t。电容分压器的高压臂由4台300 kV/4000 pF的电容器组成。均压系统采用双环结构,单个均压环直径超过3 m,由两个半环现场组装而成。

现有的耐压试验装置部件数量多、体积大,运输困难;现场试验时须叠加组装,工作强度大、效率低。以开展1次耐压试验为例,仅试验设备的安装和拆除就需要近2天时间,整个试验周期长达2~3天。同时,试验设备安装还需要吊车及人员登高作业,安全管控难度大。对于新建特高压GIS设备,由于规模大,须分次、分阶段开展耐压试验;对于GIS故障抢修后的耐压试验,由于停电时间长,对提高试验效率均有迫切需求。

二、研究成果

本项目针对特高压GIS快速耐压试验技术开展研究,提出了集固定、直接竖立、回收于一体的特高压GIS快速耐压试验方法,将整个耐压试验升压系统按照水平运输、竖起工作的流程进行快速搭建,研制出适合水平运输、竖立工作的油浸式谐振电抗器,提出了基于电感分压的电压测量方法,实现了融入式结构的电压测量系统设计,研制出电压测量系统与谐振电抗器一体化设备。研制的基于金属鳞片的气囊式均压罩,通过对气囊充、放气实现均压罩的展开和收拢,实现了均压系统的轻便化设计。研制的特高压GIS耐压试验升压系统的车载平台,实现了升压系统在竖立、回收过程中各种状态数据的监测和控制。研发的特高压GIS快速耐压试验装置可将单次耐压的试验时间由原先的2~3天缩短到8 h以内,显著地提高了试验效率,降低了试验人员的劳动强度和安全风险。如图1.2.1所示。

图1.2.1　特高压GIS快速耐压试验装置

三、创新点

本项目的主要创新点如下:

（1）提出了集固定、直接竖立、回收于一体的特高压GIS快速耐压试验方法，单次耐压试验时间由2～3天缩短至8 h以内，解决了传统电抗器、电容分压器须分体运输、现场叠加吊装的难题。

（2）研发了车载式的大容量电抗器设计技术，研制的谐振电抗器由2节油浸式空心电抗器串接组成，适合车载水平运输、竖立工作的模式。

（3）研发了基于电感分压的电压测量技术，实现了电压测量系统的融入式设计，研制了电压测量系统与谐振电抗器的一体化设备。

（4）提出了基于金属鳞片的气囊式均压罩技术，利用充放气实现均压罩的展开和收拢，实现了均压系统轻便化设计。

四、项目成效

1. 现场应用效果

特高压GIS快速耐压试验装置已在国网安徽电力公司特高压芜湖变电站、淮南变电站成功应用，同时还在国网江苏省电力有限公司进行了推广，把单次耐压试验时间由2～3天缩短到8 h以内，改变了传统特高压GIS现场交流耐压试验效率低、劳动强度大、安全管控难度大的状况。如图1.2.2所示。

图1.2.2 特高压淮南变电站应用现场

2. 应用效益

（1）经济和社会效益

该装置改变了传统特高压GIS现场交流耐压试验效率低、劳动强度大的状况，把单次耐压试验时间由2～3天缩短到8 h以内。以特高压为例，按照输送容量1200 MW，单次减少试验时间48 h，电量按0.5元/kWh计算，单次可增加供电量达5760万kWh，增加效益2880万元，经济效益显著。同时，该装置也可用于500 kV GIS现场交流耐压试验。

对于新建工程，该装置可及时发现和排除GIS设备在制造、运输、安装过程中存在的安全隐患，避免在运输、安装过程中产生设备缺陷，从而造成系统在启动调试或正常运行时发生突发性停电事故，提高系统运行的安全性；在运工程设备故障抢修后开展绝缘试验，可显著减少恢复供电时间，减少停电对社会生产和人民生活造成的负面影响。

（2）推广应用价值

该装置适用于特高压GIS的交接验收试验和故障抢修后的绝缘试验，同时也可满足500 kV GIS的试验要求，可在新（扩）建或在运工程中获得有效应用，具有较大的推广价值。本项目申请专利14项，其中已获得发明专利2项、实用新型专利6项。

项目团队 峰云劳模创新工作室

项目成员 朱太云　王刘芳　陈　忠　杨道文　秦金飞　杨　为　赵恒阳　蔡梦怡　张国宝　宋东波

项目3
便携式气动短路接地装置

国网安徽检修公司

一、研究目的

接地是电力系统内保证安全的一项重要技术措施,也是防止人员高压触电、感应电触电的最有效、最直接的安全措施。在无接地隔离开关或者检修隔离开关(或接地隔离开关)时,应装设接地线。目前,变电设备的接地线常用携带型短路接地线,通过使用绝缘接地棒进行装设。对于220 kV及以下电压等级设备,人工直接装设较为适合;在500 kV及以上电压等级,由于设备位置高、接地棒长度偏短、接地线自身重等因素,装设接地线非常困难,需要使用斗臂车(或吊车)、升降平台等登高机具配合装设,如图1.3.1所示。无论是人工直接装设,还是使用斗臂车(或吊车)、升降平台等登高机具装设,都存在以下安全隐患:

图1.3.1 传统方法挂接地线

（1）作业人员手动直接装设，有感应电触电风险。若操作错误，带电装设接地线，还会造成作业人员被电弧灼伤，甚至致人员死亡。

（2）作业人员在登高装设接地线时，有高空坠落风险。

（3）使用斗臂车、升降平台等大型机具装设接地线，有损坏设备的风险。

（4）接地线装设过程时间长，费时费力。

二、研究成果

本项目旨在设计一套采用气动升降方式远距离操作的便携式气动短路接地装置。该装置采用遥控方式操作静触头，抓紧力可控，能够有效地消除电弧，测量接地电阻值，实现对超、特高压敞开式电气设备的安全可靠接地。全过程无直接接触，降低了安全风险，提高了工作效率。装置主要由接地夹头、灭弧装置、接地电阻测试装置、推杆电机、气动升降杆、自动收紧式线盘及可调式抱箍等部分组成。如图1.3.2所示。

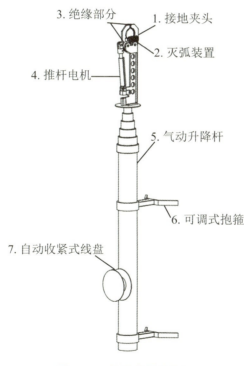

图1.3.2 接地装置结构图

三、创新点

本项目的主要创新点如下（图1.3.3）：

(1) 全过程无直接接触,避免了触电风险,包括感应电触电及误操作造成的高压触电。不用登高装设,通过对气动升降杆进行电动升降,避免了高空坠落风险。升降杆最大伸展长度超过 10 m,远远超过国标规定的 500 kV 携带型短路接地装置的极限长度。

(2) 内设接地电阻测量装置,实时检测接地电阻值,确保接地安全、可靠。

(3) 内设灭弧装置,能够有效地熄灭装设过程中感应电产生的电弧。

图 1.3.3　接地装置效果图

四、项目成效

1. 现场应用效果

经国网安徽检修公司运检、安监部门批准,本装置先后在 500 kV 肥西变电站、500 kV 楚城变电站等进行了试点应用,效果良好,极大地提高了作业效率。如图 1.3.4 所示。

2. 应用效益

(1) 提高工作效率

传统装设 1 组 500 kV 三相短路接地线需 45 min,使用本装置只需 15 min,工作效率约为原来的 3 倍。

(2) 经济、社会效益显著

以 1 条 500 kV 线路及 2 台开关例行检修为例,因不需使用斗臂车(吊车)、升降平台等大型登高作业机具,单次检修可降低检修成本约 2760 元,多送电量约 600 万 kWh,经济效益显著。缩短了停、送电操作时间,避免了因操作时间过长造成的用户电量损失,提高了供电可靠性,树立了良好的公司形象。有效地减少了斗臂车(或吊车)尾气的排放量,保护了大气环境,环保效果明显。

图 1.3.4 接地装置应用现场

（3）安全效益显著

全过程无直接接触,降低了工作人员的劳动强度,杜绝了作业人员手动挂设接地线时存在的高空跌落、高压触电、感应电触电的风险,有效地改善了劳动条件,保障了作业人员的人身安全。

目前,便携式气动短路接地装置已通过安全检测单位的安全性能试验与检测,并在部分500 kV变电站进行了试点应用。相比传统接地线装设方式,本装置作业效率高,安全性强,能有效减少作业过程中的安全隐患,得到了一致好评。本项目为国内首创,目前已获得国家发明专利1项、实用新型专利1项,在国家级期刊发表论文1篇,2017年荣获国网安徽省电力有限公司专利奖三等奖。

项目团队　吴胜劳模工作室

项目成员　吴　胜　廖　军　蒲道杰　景　瑶　吴冬晖

项目 4
创新构建带电区域施工作业"安全屋"

国网安徽检修公司

一、研究目的

变电站的改扩建工作与新变电站的建设施工不同,它是在变电站运行过程中进行施工,改扩建施工点多面广,管控难度较大,特别是施工现场带电设备较多,部分电力设备带电运行,在土建和吊装作业时极易发生危险。尤其是在 220 kV 主接线双母线双分段方式改造工程中,作业人员施工区域与带电设备安全距离相对较近,在施工过程中存在施工器具抬起、甩脱的风险,若没有有效监护和针对性措施,极易发生严重的安全事故。同时,施工作业人员素质高低不等,流动性很大,很多施工作业人员对电力设备不太了解,对现场情况也没有全面掌握,极易发生误碰、误入等问题,引发安全事故。

二、研究成果

为了能够同时兼顾施工和电力运行,必须全面分析改扩建工程中隐藏的安全隐患,采取有针对性的措施来规避风险。项目组以 500 kV 长临河变电站扩建工程为载体,充分考虑带电区域施工作业的特点和带电设备的安全距离问题,设计了"安全屋",将带电区域施工的安全问题彻底解决。

"安全屋"的设计主要依据带电运行区域内带电设备与施工区域的安全距离,用硬质的 PVC 管材搭建 1 个立方体,立方体的上端用结实、不宜破的网布覆盖,并用长针将网布缝钉在 PVC 管材上,确保网布不会扬起或被风吹动。将垂直的 4 根 PVC 管材埋进预先挖好的坑内,然后填实土壤以保证"安全屋"的稳定。如图 1.4.1

所示。

图1.4.1 带电区域施工作业"安全屋"

三、创新点

本项目的主要创新点如下:

(1)"安全屋"的制作,创新、拓展了施工作业现场安全措施的布置方式,对临近带电设备的施工现场起到了强制隔离作用,使施工范围与带电设备之间保持足够的安全距离。

(2)通过硬隔离措施,提高了施工人员的安全意识,让施工人员会养成不可扬起铁铲的好习惯。以500 kV长临河变电站为例,带电区域施工人员误碰带电设备的安全隐患被彻底消除,并且在经过"安全屋"施工作业后,施工人员普遍养成使用工器具时先观察四周的带电情况、施工动作幅度较小的好习惯。

(3)"安全屋"的使用解决了在带电施工区域大、施工人员较多的情况下,工作负责人无法进行有效监督的难题。

(4)"安全屋"制作工艺简单,制作成本较低,可以重复使用;"安全屋"可根据施工区域与带电设备的安全距离自由调整;"安全屋"的外观也可以进行调整以适应不同的工作需求,具有很好的适用性,推广价值较大。

四、项目成效

1. 现场应用效果

在500 kV长临河变电站试点使用后,带电区域施工作业可能发生的误碰带电设备、误入带电间隔的问题得到彻底解决,工作负责人的管控能力也有了极大的提高,保障了设备的安全、稳定运行。

2. 应用效益

（1）经济效益

传统带电区域施工作业至少需要1名工作负责人、2名专责监护人；在使用"安全屋"后，仅需要1名工作负责人就能够实现安全管控，平均1个施工作业现场可每天节省2人×8 h/人，在保障安全的前提下降低了大量的人力成本。

（2）安全效益

带电区域施工作业在使用"安全屋"后，彻底杜绝了施工人员误碰带电设备导致的跳闸事故，极大地提高了带电区域施工作业的安全性，避免了人员伤亡事故，获得的间接经济效益巨大。同时切实地提高了供电可靠性，树立了良好的公司形象。

（3）推广应用价值

"安全屋"制作工艺简单，制作成本较低，可以重复使用，普遍适用于国网公司范围内的带电区域施工作业，推广价值较大，目前在国网安徽检修公司已推广应用。

项目团队	电网运行专业技能大师工作室
项目成员	戚 矛　江海升　邵 华　王守明　李 永　陆惠忠　王 希　储贻道

项目 5
特高压变电站智能巡视单兵装置

国网安徽检修公司

一、研究目的

开展设备巡视、掌握设备健康状况是特高压运维最重要的工作任务。目前使用的巡检单兵装置功能单一，侧重于检测，不能满足特高压变电站高强度、大范围巡视工作的需要。因此，研制一套基于大数据、有导航定位技术支持的智能巡视单兵装备，实现交流特高压变电站巡视工作效率、巡视专业化程度的提升，对确保特高压电网的安全、稳定运行意义重大。

二、研究成果

特高压变电站占地面积广、巡视设备多、巡视任务重、责任大，迫切需要有效的技术手段来开展专业化巡视和提高巡视效率。项目组参考可提高士兵作战能力的穿戴式单兵装备，研发了一套基于大数据、有导航定位技术支持的特高压变电站智能巡视单兵装备，如图1.5.1所示。通过"互联网＋"技术，将成熟的后台数据库、运维人员、智能终端、巡视专家软件融为一体，将技术转化为生产力，实现巡视效率和专业化程度的提升。本装置可实现便携式智能移动终端与后台数据库之间的数据交互，在特高压变电站范围内实现导航定位，通过智能终端调阅设备历史数据，采集当前设备状态的数据和图片并自动形成报表和分析报告，提高交流特高压变电站的巡视工作效率和巡视专业化程度。

图 1.5.1 特高压变电站智能巡视单兵装置效果图

三、创新点

本项目的主要创新点如下:

1. 数据交互——提升巡视效率和巡视专业化程度

通过"互联网+"技术,将成熟的后台数据库、运维人员、智能终端、巡视专家软件融为一体,轻松地完成数据的采集和整理,将"日比对、周分析、月总结"和专业巡检完美结合,实现"现场比对出结果、一键传输出报告",提升巡视效率和专业化程度。

2. 定位导航——提升设备巡视到位率

实现便携式移动终端与后台数据库之间的数据交互,在特高压站范围内实现导航定位,通过虚拟变电站中设备巡视模型的指引,找到需要巡视的部位,并完成巡视。

3. 无纸办公——变革变电运维工作模式

通过智能终端随时调阅设备历史数据,采集当前设备状态数据和图片,自动形成报表和分析报告。变电运维班组全部的日常巡视工作,均实现电子移动作业,并按照国网变电五通模板自动生成巡视记录,从而将工作方式从使用传统的纸笔+电脑转变为仅使用一台便携式智能移动终端,改变了变电站运维工作模式。

四、项目成效

1. 现场应用效果

本装置已在国网安徽检修公司推广应用,大幅地提升了特高压变电站运维巡视效率和巡视专业化水平,如图1.5.2所示。

图1.5.2 运维人员使用本装置开展GIS设备巡视

2. 应用效益

(1)提升工作效率

根据"日比对、周分析、月总结"的要求,特高压变电站设备状态每月都需填报大量的纸质记录。通过使用本装置,月度状态评价报表数据可以直接自动获取,人工填写纸质记录由原来的12000余项减少为3000余项,填写任务减少约75%。

(2)经济效益

提升了现场运检工作的效率,以1座特高压变电站为例,传统工作模式下完成全站表计抄录、相关数据状态比对分析,至少需3人×6 h/人;使用本装置后则需1人×3 h/人,可节约15个工时。本装置已应用于安徽电网的2座特高压变电站,全年可节省5400个工时,每个工时按120元计算,节约成本64.8万元。

(3)安全效益

使用本装置,运维人员可以根据系统自动生成的巡视路线快速到达巡视点,通过虚拟变电站中设备巡视模型的指引,找到需要巡视的部位,并完成巡视,大幅地提升变电运维巡视到位率,提高设备本质安全水平,为保障特高压变电站的安全、稳定运行提供助力。

（4）社会效益

本装置的应用,极大地提升了变电运维工作效率,显著提高了超特高压设备本质安全水平,为经济发展提供了助力。

本项目目前已获得国家发明专利3项,在国家级期刊发表论文3篇,2015年荣获国家电网公司首届青年创新创意大赛铜奖。

项目团队	张文劳模创新工作室

项目成员	翁良杰　朱仲贤　刘　翔　王安东　朱　涛　蒋欣峰　胡永波 高红强　房姗姗　丁玲莉

项目 6
变电设备主人关键业务智能化研究及应用

国网安徽检修公司

一、研究目的

随着电网设备规模的不断扩大,现有的运检模式已难以适应大电网快速发展的需求,变电运检管控正面临以下困境:变电巡检数据仍需寻找对应记录并手工录入,智能化水平有待提高;变电巡检机器人、在线监测等数据源融合应用不足,难以支撑精准检修维护策略的制定;运维人员受工作经验局限,检修工艺难以满足标准化作业要求;培训教学与实际场景脱节,导致人员形成运维、检修实操能力的时间成本较高。

针对上述困境,项目组充分考虑现场运检人员需求,大胆创新、勇于实践,以"主动安全"理念为导向,以智能终端应用为抓手,运用图像识别技术、数据挖掘分析技术、人工智能技术、巡视专家软件和增强现实技术等,开发了一套集设备自动巡检、状态智能诊断、检修智能引导、培训智能互动等功能于一体的智慧运检系统——智慧运检e家。

二、研究成果

项目组针对特高压运检现场遇到的实际问题,充分考虑现场运检人员需求,为特高压运检人员提供集设备巡检、故障诊断、应急处置、培训提升于一体的智慧运检体验。如图1.6.1所示。

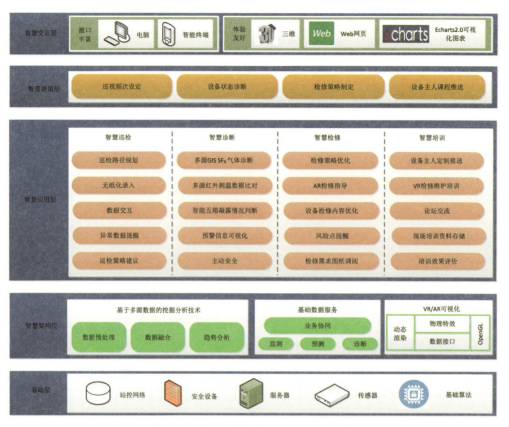

图 1.6.1　特高压智慧运检 e 家系统架构

针对运检一体化使运维人员承担了更多的工作任务,而巡检机器人还达不到替代人工巡检的现状,智慧巡检模块结合巡检机器人表计图像识别技术,通过"互联网+"技术,将成熟的后台数据库、智能终端、巡视专家软件应用融为一体,提升了运检人员工作效率。如图 1.6.2 所示。

图 1.6.2　智慧巡检应用流程

针对特高压变电站运维数据利用效率低的现状,智慧诊断模块将机器人、人工、在线监测系统等多源数据集成整合,经过滤后,存储到相应的数据库,并采用合适的诊断分析算法,挖掘设备状态的变化趋势。

针对传统检修培训不能解决运维人员"学时不能用,用时不能学"和"遗忘曲线"的问题,智慧检修模块可将具体的检修步骤、操作细节、设备图纸通过AR技术及移动终端,生动、友好地展示给现场运检人员,降低现场检修工作的技术难度。

三、创新点

本项目的主要创新点如下:

1. 表计抄录自动化

基于蚁群算法生成当前巡检计划下的最优路径规划方案,采用二维码技术自动链接定位表计记录点,利用二值化、边缘检测等图像处理算法自动识别表计读数,在巡检过程中可随时调阅历史数据,巡检结束后数据自动录入业务系统,并自动归档生成痕迹化记录报表,实现设备巡检工作无纸化、自动化、信息化。

2. 诊断评价标准化

通过异常点、离群点检测算法滤除各数据源的错误数据,采用滤波、插值算法统一分辨率、保留数据特征,通过融合算法获得可预测变化趋势的三次函数,并通过Echarts2.0可视化图表直观展示设备运行状态,及时发现设备缺陷和异常。

3. 设备检修互动化

通过智能终端展示设备检修交互场景,集成设备装置图纸及检修操作视频,降低现场检修的技术难度,达到即学即用的互动式检修效果。

4. 培训环节场景化

基于PHP+Apache+Mysql环境,搭建"以问题为中心"的现场培训交流论坛,从设备主人的身边问题入手,通过图片、视频等场景化方式,展示问题的操作处置流程,将针对性强、效果好的面教面授式现场培训通过互联网进行重新诠释。

四、项目成效

1. 现场应用效果

以1座500 kV变电站为例,传统工作模式下完成全站表计抄录、相关数据状态分析,至少需2人×6 h/人;而使用智慧运检e家后仅需1人×2 h/人,每次可节约

10个工时。此外,部分检修工作也由之前的需要2名检修人员8 h处置(加上往返变电站的时间),减少为现场运维人员单人0.5 h完成,平均可提高效率80%以上。

2. 应用效益

(1) 经济效益

本系统已应用于1座特高压变电站、2座500 kV变电站,全年可节省14400个工时,减少检修人员出车171次。人工成本按65元/工时、车辆使用成本按每次1200元测算,全年可节省成本114万元。

(2) 社会效益

本系统的有效应用极大地改善了变电设备主人工作模式,大幅地提高了超特高压设备缺陷、隐患的发现处置效率,显著地提升了超特高压设备本质安全水平,为经济发展提供了助力。

(3) 推广应用价值

智慧运检e家可接入国网安徽检修公司智能运检管控中心,丰富了智能运检管控中心业务管控界面。系统具有很强的可复制性,通过对变电站、电厂设备设施、人员、运行参数等内容进行修改,即可完成系统的搭建。目前,系统已逐步在公司所辖500 kV及以上变电站推广应用,下一步计划推广至公司所辖220 kV变电站及其他具有类似变电站运检业务的电厂、电站。

项目团队 特高压芜湖站青年创新团队

项目成员 翁良杰 朱仲贤 刘翔 骆玮 丁玲莉 沈庆 夏友森 王安东 朱涛 蒋欣峰 胡永波 高红强

项目 7
智能变电站二次状态监测与安全预警系统

国网安徽检修公司

一、研究目的

智能电网已成为我国电网未来的发展趋势。在智能变电站中,二次设备之间采用通信网络交换信息,交互复杂、多变,存在以下难点:

(1) 信息多、筛选难。不能实时掌握设备状态,出现异常情况时,告警众多,信息筛选困难。

(2) 任务重、管控难。二次设备巡检工作量大,定值核对工作效率低,模型文件管控困难,继电保护存在误操作风险。

(3) 不直观、预警难。虚拟回路取代传统电缆,导致"看不见、摸不着",运维难度大,无法快速定位、诊断。

二、研究成果

本项目旨在构建智能变电站二次状态监测与安全预警系统,运用计算机技术开发可视化软件,建立人机友好的可视化系统,同步构建设备压板及其外部回路状态在线校核管理知识库,实现设备状态的智能评估与告警,通过技术手段实现二次系统的全景可视化、异常诊断智能化、保护校核一键化等高级功能,从而实现二次系统现场安全管控的集约化,进一步提升二次作业现场的安全管控水平。如图1.7.1、图1.7.2所示。

图 1.7.1　产品实物图　　　　　　　　图 1.7.2　产品应用现场

三、创新点

本项目的主要创新点如下：

1. 优化信息，全景展示

系统利用电网实时监测技术、分布式存储技术，将信息图形化展示，查询更为便捷，构建二次系统"鸟瞰图"，给每个二次设备设置"告警""动作""通讯"三个主要的信号标志，全站二次设备的运行状况一览无余，迅速定位发生故障的二次设备。如图 1.7.3 所示。

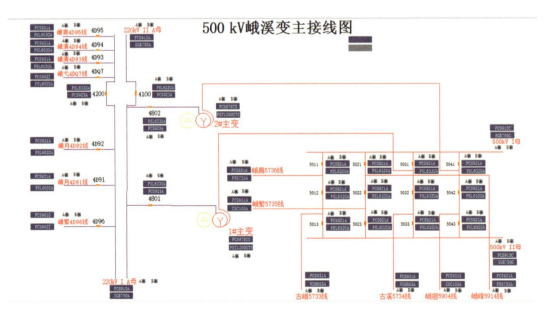

图 1.7.3　全站二次设备示意图

2. 在线校核，安全预警

系统采用实时计算、XML技术、多维度数据分析及网格计算等多种信息处理技术，实现继电保护定值在线校验、软压板一键操作与防误、压板状态主动预警、二次安措策略生成与核查等功能，全过程管控，发现异常及时预警，防止继电保护误操作事故发生。如图1.7.4所示。

图1.7.4　软压板逻辑状态图

3. 故障诊断，智能决策

系统采用细粒度模型的电网故障处理方法，实现虚实合一的智能变电站二次信息实时监测诊断（"虚"指二次虚回路，"实"指物理光纤链路）。当二次设备的光纤链路发生异常时，能直观展示故障链路状态，定位故障点，提高运检人员快速诊断和处理缺陷的能力，实现二次回路"看得见、摸得着"的可视化、层次化展示与智能诊断。如图1.7.5所示。

图1.7.5　虚实合一的光纤故障诊断系统

四、项目成效

1. 现场应用效果

以1座500 kV变电站为例,在传统工作模式下完成保护状态核查、定值校验至少需要2人×12 h/人,而在新型检测模式下仅需1人×2 h/人,每次工作可节约22个工时,提高效率90%以上;在传统工作模式下,智能设备的平均故障处置时间为2人×2 h/人,而在新型运检模式下仅需1人×0.5 h/人,每次可节约3.5个工时,提高效率85%以上;在传统培训模式下,新员工掌握二次系统知识需20天,而利用本系统仅需7天,提高效率约65%。

2. 应用效益

(1) 经济效益

以1座500 kV智能变电站为例,从降低人力成本、及时处理各类故障、减少故障导致的损失等方面计算,使用本系统每年可增加经济效益100万元,1座220 kV智能变电站可增加经济效益80万元,1座110 kV智能变电站可增加经济效益50万元。国网安徽检修公司拥有110 kV及以上电压等级的智能变电站249座,预计可每年增加经济效益1.52亿元。

(2) 社会效益

随着智能电网的发展,本系统应用范围更广,保障了电网安全稳定运行,降低了停电风险,为用户提供了优质、稳定的电力服务,促进了智能电网的发展。

项目团队	张文劳模创新工作室

项目成员	郭振宇　章　丹　李　劲　罗　长　朱自强　何　涛　吴海燕
	王雄奇　毛　帅　沈国堂

项目 8
刀闸电动操作机构精准安装平台

国网安庆供电公司

一、研究目的

刀闸电力操作机构是一种电动的机械传动、驱动装置,配以控制系统,用于调度过程中对隔离开关的开合闸操作。该机构安装在隔离砼支柱上并焊接固定,要求安装位置精准、传动精确、动作灵活。其安装位置距变电站运行通道有1 m左右的距离,周边布置有刀闸本体、传动杆、电缆管及沟和控制箱体,在其上方是导电母线。一般来说,该机构安装是在设备安装的最后阶段,目前是通过双人抬举的方式进行定位和焊接,由于不能实施固定安放和准确定位,每次安装都得多次重复才能完成,安装效率低下,安装质量也难以保证,导致停电时间较长、范围较广,难以保障电网安全、可靠运行。为解决这一难题,本项目旨在研制一种刀闸电动操作机构精准安装平台,其具有调节精度高、适用范围广等优点,使刀闸电动操作机构安装变得精确、可靠、快捷,极大地提高了工作效率,减少停电时间。

二、研究成果

项目组根据现场需要研发出1台举升力大、作业适应性广、调节范围适中、调节精度高和稳定性好的刀闸机构安装平台。该平台包括托架小车、托架小车上的定滑轮组、升降平台上的动滑轮组以及平台底板和平台顶板,由滑轮组及钢丝绳带动升降平台升降,平台底板由4根花篮螺杆支撑在升降平台上,可实现水平度的调节,平台底板与平台顶板之间设有"井"字形导轨及X向导槽、Y向导槽,平台顶板相对于平台底板可在水平方向上进行四向调节。该平台可有效解决刀闸电动操作机构安装过程中出现的机具使用不便、劳动强度大、安装精度差、安装效率低下等问题。如图1.8.1所示。

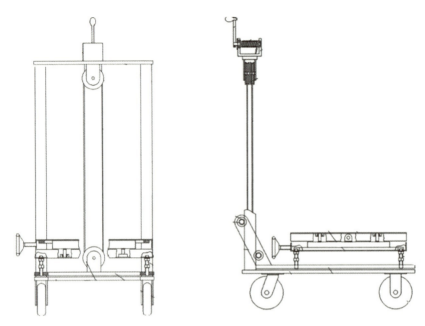

图1.8.1　安装平台结构图

三、创新点

本项目的主要创新点如下：

（1）实现刀闸电动操作机构安装过程中的六自由度及摆动的精确调节，平台机械传动精准，能够实现0.1 mm的安装精度，满足安装设备的精度要求，使操作机构的安装更加精准，与刀闸的联动配合自如、可靠，提高刀闸的动作可靠性。

（2）升降平台由滑轮组驱动升降，可精准地停在所需高度，即可将升降平台上安装的平台底板、平台顶板停在所需高度，平台顶板将其托举的刀闸操动机构精准举升至所需的安装高度。

（3）平台底板通过4根花篮螺杆支撑在升降平台上，花篮螺杆底端与升降平台螺纹连接，花篮螺杆顶端与平台底板底面四角位置的螺纹相连接，通过花篮螺杆即可精准地调整平台底板的水平度，进而调整刀闸操作机构的水平度。

（4）安装平台只需1人操作，大大地减少了现场安装协作人员，不仅提高了工效，还减少了停电时间，减小了电量损失，提高了供电可靠性。

（5）安装平台还能够用于变电站内的其他近似设备，使得检修工作的效率得到提高。

四、项目成效

1. 现场应用效果

本安装平台已在 220 kV 龙山变电站刀闸技改现场中推广应用,实现了刀闸操作机构安装过程中的六自由度及摆动的精确调节,使操作机构的安装更加精准,与刀闸的联动配合自如、可靠,提高刀闸的动作可靠性。如图 1.8.2 所示。

2. 应用效益

在使用本安装平台进行刀闸电动机构安装时,现场安装人员从 3 人减为 1 人,提高了工效,单台操作机构的安装时间从 1.5 h 减少到 0.5 h,减少了停电时间,提高了供电可靠性。同时改变了传统人力安装的作业形式,解决了安装作业过程中机构易脱落损坏、人员易受伤等难题。既提高了经济效益,又降低了安全风险。另外,本安装平台已获得了 6 项国家发明专利。

图 1.8.2 安装平台在 220 kV 龙山变电站应用现场

| 项目团队 | 晓军劳模创新工作室 |

| 项目成员 | 翁晓军　李友平　嵇义军　潘朝阳　浦劲松　张仁标 |

项目9
一种新型高压等电位布油枪

国网安庆供电公司

一、研究目的

隔离开关是变电站使用数量和型号最多的一种设备,其大部分安装在室外,受环境因素影响较大。长期运行后,隔离开关的传动连杆转动部位、动静触头接触部位的润滑油干涸,易受污垢、锈蚀影响,当刀闸进行操作时,出现卡滞、分合不到位的故障。由于刀闸带电,无法进行润滑处理,只能对隔离开关进行停电检修,而隔离开关大都连接母线,一旦检修需要母线停电,操作量大并且停电范围较广,影响系统安全及供电可靠性。因此,本项目旨在研制一种不用设备停电,就可以对刀闸带电动静触头及传动连杆进行布油润滑,减少停电操作及减小停电范围。

二、研究成果

高压等电位布油枪包括油室、气室、喷嘴、常闭阀体和绝缘操作杆,通过手动开阀组件与阀芯连接来打开阀体,实现喷油。在油室的下部设置袋状弹性隔膜,可大大地增加油的容纳量,降低加油频率。通过下方气室内的气体上顶,对油室内的油提供均匀的压力,使油从喷嘴中喷出,省时、省力。油室和气室之间还设有可拆卸袋状弹性隔膜,以便于清理沉淀在袋状弹性隔膜内的杂质。布油枪整体为可拆卸结构,结构简单,安装便捷,使用方便,大大地提高了工作效率。该布油枪新颖、专业、可靠,并应用了较多的实用新型技术。如图1.9.1~图1.9.3所示。

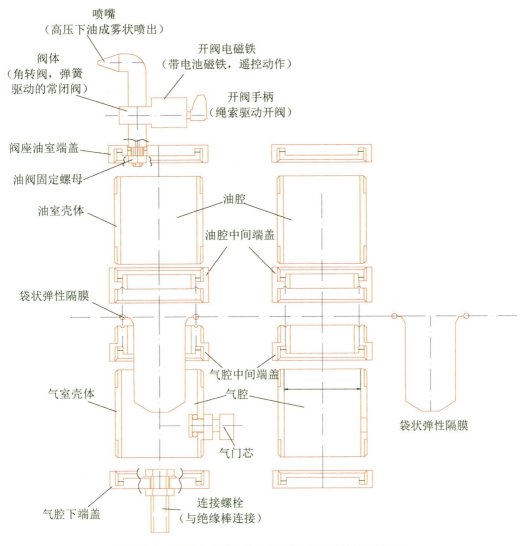

图 1.9.1　高压等电位布油枪(手控、遥控双功能)结构图

图1.9.2　高压等电位布油枪(手控、遥控双功能)成品

图1.9.3　布油枪手动操作演示

三、创新点

本项目的主要创新点如下:
(1) 可在带电情况下对隔离开关进行布油。
(2) 布油枪结构小巧、携带方便。
(3) 重球吸油设计能实现任意角度的有效供油。
(4) 可实现手动、电动油壶加压,手动、遥控操作等电位布油。
(5) 配合变电站绝缘杆使用,高度可自由调节,适用于变电站不同电压等级设备。

四、项目成效

1. 现场应用效果

该布油枪目前已在 220 kV 龙山变电站、220 kV 安庆变电站进行了应用。在使用过程中,针对因积垢沾灰、润滑油脂干涸造成的隔离开关分合闸卡涩、动作不到位的故障,采用该布油枪对刀闸的传动部件、关节轴承、动静触头结合部进行加油润滑,经过一段时间后,原本卡涩、锈蚀的传动部件、关节轴承得以润滑,隔离开关顺利分合。

2. 应用效益

该布油枪的使用大大地缩短了刀闸分合故障的处理时间,单组刀闸的处理时间从原来 4 h 减少为 10 min;消除了因刀闸故障处理而造成的母线停电,确保了人身、电网、设备的安全;简化了检修作业流程,减轻了劳动强度,缩短了停电时间,大大地减小了停电范围,既提高了工效,又提高了经济效益。另外,该装置已申报了国家发明专利和实用新型专利各4项。

项目团队 晓军劳模创新工作室

项目成员 翁晓军　王振华　张仁标　胡细兵　季华艳　汪振中

项目10
线路参数测试辅助装置

国网安庆供电公司

一、研究目的

架空线路参数测试是新变电站线路投运前的一项重要试验工作。传统的架空线路参数测试方式是：试验人员在线路一侧进行测试，同时在线路对侧安排人员变换线路的接线方式。因为接地刀闸是三相联动的，仅靠刀闸机构的电动操作，一般不能满足线路参数测试对接线方式调整的要求，需要利用接地线来实现线路参数测试时的工作接地。因此，作业人员需要频繁上、下设备以调整接地线，不仅工作烦琐，同时高空作业还存在高坠、误碰裸露试验线等安全风险。因此，本项目旨在研制一种线路参数测试辅助装置，实现输电线路参数测试时线路对侧人员配合快速变换试验接线，提高输电线路参数测试工作的效率，消除安全隐患。

二、研究成果

本装置主要用于变电站线路参数测试工作，满足线路参数测试中线路对侧变换接线方式的要求，解决在以往线路对侧配合过程中出现的感应电伤害、换接线复杂、接触不良等问题，提高变电站线路参数测试工作的效率及安全可靠性。该辅助装置的主要功能是：提前将测试的工作接地线安装于装置的相应接线桩头上，根据测试需要，通过开或合相应的空气开关，就可满足线路对侧三相短路接地、三相短路悬空、三相悬空、单相接地其他两相悬空等接线要求，实现在正序、零序、绝缘、核相、直阻等项目测试中能连续测量的工作目标。目前，装置普遍应用于110 kV、220 kV 输电线路参数测试线路对侧配合变换试验接线工作。如图1.10.1所示。

图 1.10.1 线路参数测试辅助装置

三、创新点

本项目的主要创新点如下:

(1) 该辅助装置将线路参数测试所需的接地线、操作杆等设备进行了集成融合,简化为一种控制装置,且结构简单、携带方便。

(2) 该辅助装置简化放电、短路和接地等程序,作业人员不用频繁上、下设备以调整接地线,不仅降低了作业强度,还消除了调换接地线过程中易触碰裸露试验线的安全隐患,从而确保了人身安全。

四、项目成效

1. 现场应用效果

该辅助装置在 220 kV 天柱变电站天长 526 线路参数测试等多个现场进行了使

用,将原来线路参数测试中的多种手工接线简化为一种控制装置,通过控制相应空开的开或合状态,解决了对线路参数进行正序、零序、互感、绝缘、核相、直阻等项目测试时的转换问题。如图1.10.2所示。

图1.10.2　线路参数测试辅助装置应用现场

2. 应用效益

该辅助装置简化了放电、短路和接地等程序,可以实现快速变换试验接线工作,极大地提高了工作效率,试验时间从原来的2 h降低到40 min左右,并消除了调换接地线过程中易触碰裸露试验线的安全隐患,从而确保了人身安全,具有明显的经济效益和推广价值。

| 项目团队 | 晓军劳模创新工作室 |

| 项目成员 | 翁晓军　王振华　浦劲松　唐怀东　赵慧娟 |

项目11
绝缘绳交流耐压绕绳装置

国网蚌埠供电公司

一、研究目的

绝缘绳是电力生产和带电作业中广泛使用的绝缘工器具,在保障人身和设备安全方面起到了重要作用。但绝缘绳试验周期短、使用频率高,且目前国内没有专门对绝缘绳进行交流耐压试验的装置,因此绝缘绳耐压试验一直困扰着国内所有的高压试验工作人员。按照《国家电网公司电力安全工作规程》要求,绝缘绳每半年须进行一次工频耐压试验,试验电压为 105 kV/0.5 m。

传统的绝缘绳耐压试验方法是人工将绝缘绳按照 0.5 m 的长度绕制后,两端再分别用人工逐根短路接地和加压,然后进行耐压试验,这就造成:

(1) 作业人员多:需 1 人绕线、2 人配合。

(2) 工作耗时长:绕绳采用人力方式进行,试验完毕后,绝缘绳须重新缠绕整齐后存放,占用了较长的作业时间。

(3) 作业风险大:绝缘绳的长度因人工绕制,参差不齐,无法保证 0.5 m 的试验长度,由此引发绝缘绳因试验长度过短而被过压击穿;绝缘绳因试验长度过长,无法发现其绝缘缺陷;调整绝缘绳的长度容易造成试验人员疲劳作业等问题。

二、研究成果

本项目旨在研制一种绝缘绳交流耐压绕绳装置,以提高绝缘绳耐压试验工作的效率,降低安全风险。该装置缠绕耐压装配采用四极加压方式,且极距可调,耐压极材质选择铝合金,适合任意长度绝缘绳及不同电压等级的耐压试验。导向控制系统结构选择螺杆旋转、步进位移可调方式,材质采用不锈钢卡套,具有方便灵活、可精确调整、机械强度大等优点。电机选择内嵌、可调频、皮带传动方式,节省空间,调速范围广,能适应不同转动速度。整体构架选择框式结构,能够承受一定压力而不发生机械变形,可整体移动,方便运输和试验。该装置实现了绕绳、耐压、退绳一体化功能,创造性地解决了绕绳过程中不易操作、费时费力的问题,提高了工作效率。如图1.11.1所示。

图1.11.1　绝缘绳交流耐压绕绳装置

三、创新点

本项目的主要创新点如下:
(1)缠绕耐压装配采用四极加压方式,节约绕制时间和成本。
(2)试验极距可调,适合不同电压等级的试验。
(3)导向控制系统结构选择螺杆旋转、步进位移可调方式,方便灵活,可精确调整。
(4)电机选择可调频式,调速范围广、过载能力强。

四、项目成效

1. 现场应用效果

整个装置研发完成后,在国网蚌埠供电公司领导的组织下,多部门对其现场适用性、安全可靠性进行联合鉴定,结果认为该装置安全可靠性完全符合安全规程的要求,可以应用于各种绝缘绳,解决了工作费时费力、效率低等问题。如图1.11.2~图1.11.4所示。

图 1.11.2　绕线过程

图 1.11.3　试验过程

图 1.11.4　收线过程

2. 应用效益

（1）提高工作效率

该装置实现了绕绳、耐压、退绳一体化功能，创造性地解决了绕绳过程中不易操作、费时费力的实际问题，提高了工作效率。

(2)经济效益

该装置的应用,革新了传统的试验方法,简化了作业流程,减轻了劳动强度,提高了经济效益。

从人力资源部获取的数据显示:2016年度高压试验工种的平均工时费为18元。

采用传统的试验方法,每试验100 m绝缘绳的人工费是(人数×工时费×用时)93.6元。

采用该装置后,每试验100 m绝缘绳的人工费是(人数×工时费×用时)20.4元,与传统试验方法相比,可节省费用73.2元。

按照经验,公司每年利用绝缘绳交流耐压绕绳装置试验绝缘绳11085 m,可节省人工费8114.22元。

(3)安全效益

采用该装置后,解决了安全风险大等问题,保证了试验质量,保障了试验过程中的人员安全,规范了现场安全作业行为。

(4)社会效益

绝缘绳交流耐压绕绳装置的成功研制,从根本上革新了传统的绝缘绳耐压试验方法,缩短了试验时间,提高了工作效率,为企业、社会创造了可观的效益。

(5)推广应用价值

该装置的成功研制,从根本上革新了传统的绝缘绳耐压试验方法,解决了绕绳过程中不易操作、费时费力的实际问题,实现了绕绳、耐压、退绳一体化功能。多次的调试和运行验证了该装置的安全性、可靠性和实用性,推广应用价值大。该装置在满足当前业务需要的基础上充分考虑可靠性及可扩展性,为今后向其他省市、其他行业推广打下了坚实基础。

项目团队 周艳劳模工作室

项目成员 周 艳 朱 晟 宋星辰 钱 颉 孙 越 冯鑫源

项目 12
新型 SF_6 气体综合在线监测系统

国网蚌埠供电公司

一、研究目的

六氟化硫(SF_6)气体以其优异的绝缘和灭弧性能,在电力系统中得到广泛应用,其使用安全性也得到越来越多的关注。为保证SF_6电气设备的可靠运行,应对SF_6气体的密度、湿度和温度三项指标进行监控,确保三项指标达标。目前普遍采用离线测量微水含量的方法,需要经过断电、放气、补气过程,操作烦琐且不安全,同时电气设备内运行中的SF_6气体的有毒分解物对操作人员的身体健康有很大威胁,气体的回收、排放需要消耗大量的人力、物力、财力。

为解决此项难题,项目组开发了一种新型SF_6气体压力(密度)、温度、微水量综合在线监测系统。该系统能够提高SF_6电气设备的连续可靠运行能力,实现在线状态检测、监测及故障预测等功能。

二、研究成果

本项目研发的新型SF_6气体压力(密度)、温度、微水量综合在线监测系统,可以在不排放SF_6气体的条件下对SF_6气体密度、温度、微水量进行实时数据采集和显示、信息远传、故障报警、闭锁机构启动等。

系统由监控主机、多功能控制器、高灵敏度SF_6/O_2传感器和温度传感器、湿度传感器等组成。多功能控制器分时将各个通道的SF_6气体从现场抽到采集器的气室内,传感器利用热裂解-电化学复合检测技术对采集到的SF_6气体进行浓度分析,并将结果转换成电信号,信号经放大、抗干扰网络,由A/D转换成16位高精度数字信号送入单片机。单片机对信号进行分析处理,通过RS458总线将测量结果送到监控主机,进行显示、报警、存储、风机控制,并将结果传送到远程计算机。如图1.12.1所示。

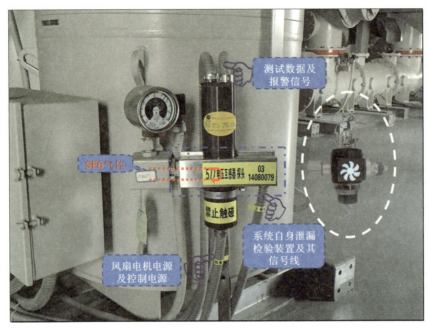

图1.12.1 研制成果

三、创新点

本项目的主要创新点如下:

(1)独特的机械设计,实现对电气设备中SF_6气体的动态测量,保证测量的准确性。在微水传感器气室内加装1对磁片和1台小型风扇,磁片用固定转轴固定。风扇和磁片都由电机控制旋转,这样传感器采集的数据就能够如实地反映设备中水分的含量,从而实现对SF_6气体的动态测量。如图1.12.2所示。

(2)解决露点传感器在各种不同压力下特性参数的差异,并进行不同压力下的标定,避免传感器在不同压力下的测量误差。对传感器在多个压力下的测量曲线进行分析,根据分析出来的数据,得出不同压力下传感器的特性曲线,对传感器进行不同压力下标定,并且将每种压力下的特性曲线进行存储。现场使用时,系统会根据不同压力自动切换相应的测量曲线,避免传感器在不同压力下的测量误差。如图1.12.3所示。

(3)智能化软件自动生成数据曲线,分析数据变化趋势,提前预判设备故障。监测系统采集的数据上传到智能化分析软件,根据一段时间监测的数据自动生成相应的参数曲线,提前预测出故障发生的时间,检修人员根据相关的故障类型进行对应处理。

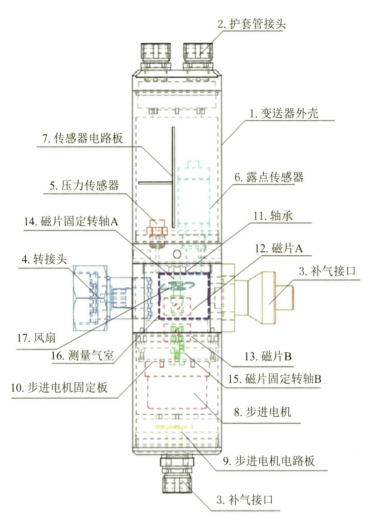

图1.12.2　机械设计图

图1.12.3　数据曲线

（4）泄漏报警系统灵敏度高,对微量泄漏及时报警,并指示气体泄漏位置。变送器采用了进口高稳定性传感器,传感器经变送器内部电路的修正、补偿,其输出线性度好、精度高。变送器外部结构也更适于高频电场环境下的测量,它与电路处理部分融为一体,以减少干扰,提高电路长期工作的稳定性和可靠性。如图1.12.4所示。

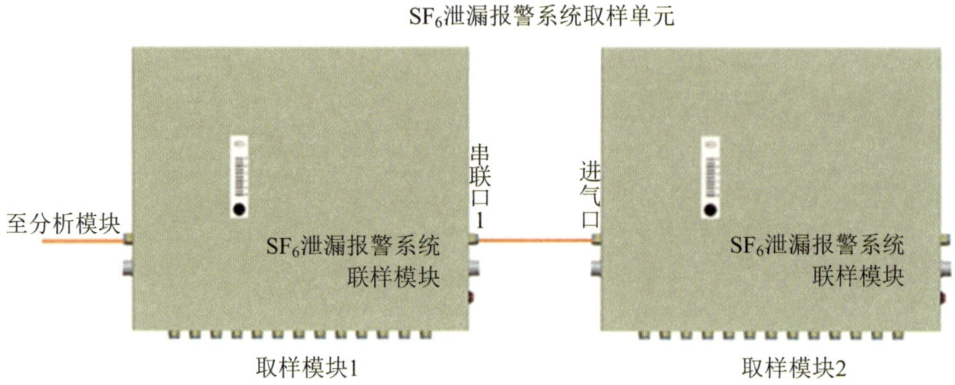

图1.12.4 泄漏报警系统

四、项目成效

1. 现场应用效果

该装置在国网蚌埠供电公司110 kV GIS青年变电站试运行以来,系统运行情况良好,响应及时,处理速度快,具有良好的远程监控能力,满足使用要求。如图1.12.5所示。

2. 应用效益

（1）提高工作效率

本项目的实施为工作人员提供了远程监控功能,对于那些发生故障的设备能够进行快速检测,降低了管理难度,提高了工作效率。

（2）经济效益

本系统能及时发现设备隐患,减少了停电时间、事故损失和人力消耗,节约了设备运维成本。

（3）安全效益

本系统实时采集并监测SF_6气体的各项数据指标,保障了GIS设备安全、可靠运行。通过对GIS设备气体泄漏进行有效的监控,避免因设备气体泄漏危害各类作业人员的人身安全。

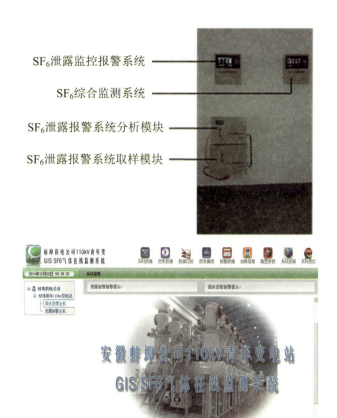

图1.12.5 新型SF$_6$气体综合在线监测系统在110 kV青年变电站投入使用

(4) 社会效益

本系统提高了供电可靠性,服务了经济发展;减少了SF$_6$气体排放,保护了地球环境。

(5) 推广应用价值

本项目研制的新型SF$_6$气体综合在线监测系统通过搭建完整的智能平台,实现故障检测规范化、系统化。经多次现场验证,系统安全、可靠、实用,并且能够满足当前业务需要,同时兼具极强的扩展性,可在系统内外推广应用。

本项目为国内首创,目前已获得国家发明专利1项、实用新型专利1项。系统已成功应用于国网蚌埠供电公司110 kV青年变电站。

项目团队	周艳劳模工作室

项目成员	周艳 朱晟 宋星辰 钱颉 孙越 冯鑫源

项目 13
压接式设备线夹电动破拆工具

国网亳州供电公司

一、研究目的

根据《国家电网公司18项电网重大反事故措施》第6.3.1.2条款"按照承受静态拉伸载荷设计的绝缘子和金具,应避免在实际运行中承受弯曲、扭转载荷、压缩载荷和交变机械载荷而导致断裂故障",以及国网安徽省电力公司落实此条款"新建设备间隔禁止使用铜铝过渡设备线夹,已运用到电网设备中的铜铝过渡设备线夹将逐步更换或淘汰"等相关制度要求,电网设备中的铜铝过渡设备线夹必须进行更换。

目前,依然有大量的铜铝过渡设备线夹运用在35~220 kV电压等级的变电站中,当用在闸刀设备的连接处时,由于闸刀设备分、合操作,将在铜铝过渡接触处,产生弯曲、扭转应力,很容易造成铜铝过渡设备线夹断裂。引起电网事故。本项目旨在研制一种专业的压接式设备线夹电动破拆工具,可以破拆Φ120~400 mm铜铝过渡设备线夹,不损伤导线,操作简单,节省人力和作业时间,无须停运其他运行设备,具有很好的现场适应性和使用价值。

二、研究成果

本项目通过对设备线夹固定方式、切割深度调节部件及连续工作动力源等方面的设计,研制出的压接式设备线夹电动破拆工具可以破拆Φ120~400 mm铜铝过渡设备线夹,同时能够快速、安全地破拆、更换设备线夹,既不用更换导线,也不用大型设备进入工作现场,通过对切割深度调节构件的控制,大幅地提高操作精确度,不损伤导线,从而有效地提高现场设备检修的经济效益。如图 1.13.1 所示。

图 1.13.1　压接式设备线夹电动破拆工具

三、创新点

本项目的主要创新点如下:

1. 电动工器具与设备线夹的固定方式

设计机械部件,将电动工器具贴合设备线夹的接触部件。该部件的设计将影响整套方案的可实施性、安全性,必须考虑中轴、重量、稳固性等多种因素。

2. 电动工器具切割深度调节部件

该部件的研发将通过电动工具外壳重新开模、设计部件结构等流程执行,其设计将影响方案的易用性和可行性。

3. 动力源连续工作时间的可靠性

通过设计电路与协议、编写实现程序、编写 UI 等流程来完成执行。该部件设计将影响方案的续航可靠性。

在解决固定方式时采用了夹紧的方式,加大底座的重量来达到平衡。切割深度调节是最大的技术难点,如果掌握不好会把电线切坏或者压接头没切开。因此,选择可调度更高的螺纹调节,使机器的切割部分可以上升与下降,以实现切割深度的调节。如图 1.13.2 所示。

图1.13.2 破拆工具创新点

四、项目成效

1. 现场应用效果

压接式设备线夹电动破拆工具加工完成后,在国网亳州供电公司分管领导的组织下,安质、运检等部门对其安全可靠性、现场适用性进行了检验。

在相关人员的见证下,利用新工具对张集变电站35 kV#2主变压器34021闸刀的压接线夹进行现场更换,结果证明新工具可以应用于实际工作中。如图1.13.3所示。

图1.13.3 现场应用效果

2. 应用效益

（1）安全效益

压接式设备线夹电动破拆工具在实际工作中取得了良好的效果，其安全可靠性完全符合技术和安全要求。通过对切割深度调节构件的控制，大幅地提高了操作精确度，不对导线产生损伤。同时，减少了登高作业量，提高了作业安全系数，在工作过程中能够有效地避免人员伤害，压接线夹更换工作的质量和效率都得到了很大的提高。

（2）经济效益

在无破拆工具的情况下，平均更换设备线夹1次需要5人×2.5 h/人，而在压接式设备线夹电动破拆工具投入使用后，平均更换设备线夹1次仅需2人×1.25 h/人，工作效率得到了很大提升。

（3）社会效益

压接式设备线夹电动破拆工具的成功研制，革新了传统的压接线夹更换工艺，缩短了工作时间，避免了因检修时间过长而造成的用户电量损失，切实提高了供电可靠性，树立了良好的公司形象。

（4）推广应用价值

该工具适用于国网公司范围内的压接线夹更换作业，目前已获得国家实用新型专利1项、发明专利1项，发表论文1篇。

五、市场前景

随着用电负荷的不断攀升，电网建设不断加强，新建变电站数量在逐年增加。目前，因为技改、发热缺陷处理、铜铝过渡线夹更换等，每年需要更换大量的压接线夹，本破拆工具将会成为压接线夹更换的主要工具。本破拆工具计划在国网范围内全面推广使用，各地市检修班组均有配置需求。

项目团队 变电设备守护者创新工作室

项目成员 国伟辉　吴义方　荆林远　孟　晗　闫　帅　田振宁　张　奥　张钊瑞　孔伟杰　于文盛　吴士杰

项目14
智能化变电站继电保护设备检修二次安全隔离措施可视化系统

国网亳州供电公司

一、研究目的

当前国内外智能变电站的技术实践主要集中在技术层面,重点关注各种新设备和新标准的应用,对于与之配套的变电站二次专业运维检修的研究较少,且对于保护设备及其二次回路安措可视化完整解决方案的研究则更少。针对现有安措票制定和实施中的不足,本项目指在提出智能化变电站继电保护设备检修二次安全隔离措施可视化研究方法。

二、研究成果

由国网亳州供电公司研发的智能化变电站继电保护设备检修二次安全隔离措施可视化系统,非常适用于变电站二次回路的现场安措,极大地方便了供电企业的运维检修工作,并取得多项专利,促进了该领域研究工作的开展。该设备有完全图形化的界面操作,体积小,功能强大,能够针对现有安措票制定和实施中的不足,提供一种二次安措规范化方法,实现了二次安措数据库的建立以及二次安措的自动生成、自动执行和校核,克服常规人工安措方式的局限性。该方法一方面避免了人为出现的误投退问题,另一方面避免了二次安措过程中可能造成的短路,进而引起保护装置误动的问题。不仅提高了电力系统的运行可靠性,还大幅度提高了二次系统调试工作的效率,保证了智能化变电站或线路的可靠投运,取得了良好的经济效益和社会效益。

三、创新点

本项目的主要创新点如下:

1. 开发基于智能化变电站继电保护设备二次安措数据库的专家系统

现有智能化变电站研究在一次设备状态检修的理论和实践方面已有较多成果,但在继电保护安措方面,相关的研究和实践仍然很不充分。国网公司虽然制定了智能变电站二次安全措施规程,但实际运行中的二次安措票主要是运检人员在总结自我经验的基础上生成的模板,具有一定的局限性。现有继电保护二次安措对检修人员的综合素质及业务技能具有较高要求,需要检修人员具备丰富的检修经验,能够对系统故障作出准确分析,对继电保护装置是否处于良好状态进行综合评价。因此,为提高继电保护设备检修工作的针对性和有效性,探索适合的方式来满足运行要求,进行安措后台数据库的开发和完善,避免安措工作不全或过度的问题,防止继电保护装置出现"误碰、误整定、误接线、误投退压板"。如图1.14.1所示。

图1.14.1 基于智能化变电站继电保护设备二次安措数据库的专家系统

2. 基于智能化保护设备及其二次回路的安措可视化技术

智能化变电站的二次回路实际上是虚拟的,是在智能化变电站推进过程中提出的,将装置输入输出及相互关系进行图形化描述的一种手段,虚拟二次回路主要以装置逻辑联系图(GOOSE输入输出、SV 输入输出、GOOSE/SV 关联)、联系表形式体现。通过研究智能化保护设备及其二次回路状态可视化,可实现过程层虚拟二次回路的图形直观监视,降低保护设备及其二次回路的检验检测工作量。同时,针对常规SCD解析工具不直观的问题,可实现智能化变电站SCD文件详细解析和图形化展示。如图1.14.2所示。

图1.14.2 智能化保护设备及其二次回路的安措可视化

3. 二次安措自动生成、自动执行和实时校核

传统的二次安措是手动操作,但是偶尔也会出现由于运检人员对智能化变电站保护工作原理不熟悉而导致的安措执行发生问题。为此项目成员对安全措施进行了深度研究,根据已开发的安措数据库,依据SCD文件中软压板信息,实现了安措工作票的自动生成。在安措执行过程中,通过顺序控制实现安措自动执行,通过比对实际数据与安措数据,校核安全措施是否执行到位,实现其自动校核。如图1.14.3所示。

图1.14.3 二次安措自动生成、自动执行和实时校核

四、项目成效

智能化变电站继电保护设备检修二次安全隔离措施可视化系统适用于变电站二次回路的现场安措,极大地方便了供电企业的运维检修工作。该设备有完全图形化的界面操作,体积小,功能强大,能够针对现有安措票制定和实施中的不足,提供一种二次安措规范化方法,实现了二次安措数据库的建立以及二次安措的自动生成、自动执行和校核,克服常规人工安措方式的局限性。该方法一方面避免了人为出现的误投退问题,另一方面避免了二次安措过程中可能造成的短路,进而引起保护装置误动的问题。不仅提高了电力系统运行可靠性,还大幅度提高了二次系统调试工作的效率,保证了智能化变电站或线路的可靠投运,取得了良好的经济效益和社会效益,主要表现在:

1. 经济效益

国网亳州供电公司现有 220 kV 保护设备 147 套,按照状态检修最长年限 6 年校验 1 次计算,每年至少要校验 24 套继电保护设备。利用该系统布置和恢复安措的时间,每套继电保护设备的安措时间可节约 0.75 h。按照全年 24 套设备计算,1 年可增加 220 kV 线路供电 18 h。按照 220 kV 线路的正常负荷电流 200 A 计算,1 年可增加供电量 792000 kWh。按每度电 0.56 元计算,全年可增加供电效益为 443520 元。

2. 社会效益

(1)进行智能化变电站二次安措布置前,该可视化系统可根据工作任务和二次安措模板库自动生成二次安措票,必要时简单修改即可,使二次安措更加统一、规范化。

(2)解析待安措保护设备的 SCD 文件,可视化展示 SCD 信息及虚端子与软压板拓扑关系,有利于现场继电保护人员进一步了解智能设备,方便其运行维护,降低保护设备及其二次回路检验检测工作量,提高保护设备及其二次回路安措工作的可靠性。

(3)减少检修停电时间,树立了良好的公司形象。

项目团队	技能大师创新工作室
项目成员	姚庭镜　曲鸿春　刘邦　王亚坤　蒋冬　魏萌　赵亮　田振宁

项目15
端子箱内智能加热器

国网池州供电公司

一、研究目的

端子箱是变电站中联系一、二次设备的重要部件,直接关系变电站的安全运行。端子箱内的加热器正是维持端子箱内温度与湿度稳定,防止箱内出现二次设备绝缘性能降低或锈蚀而造成的二次设备损坏、直流接地、机构卡涩、保护装置误跳闸等问题。目前常见的户外端子箱除湿、防潮方法是通过温度传感器启动箱内加热板,其主要存在以下弊端:

(1) 加热效果不佳,难以保持整个端子箱内的温度与湿度恒定。
(2) 当加热器损坏时,无法及时发现。
(3) 运维人工成本大,运维人员要定期前往现场逐个排查。

综上所述,为改进端子箱内工作环境,提高变电站内设备安全运行水平,研究一种新型端子箱内加热器,实现端子箱内加热器自动控制、系统自检、数据通信和报警等功能,对提升运维人员的运维效率与质量具有重大意义。

二、研究成果

本项目旨在提出一种应用于变电站户外端子箱内部的智能加热器,利用风热的方法,维持端子箱内温度与湿度恒定,以保证端子排在良好的环境下工作。同时,实现后台对箱内加热器的监测。其组成部分包括加热单元、温控单元、实时监测单元以及后台报警单元。本装置对外部环境的剧烈变化和多种恶劣环境具有较强的防御能力,既能保障端子箱内的设备安全、稳定运行,满足变电站的实际运维需要,又能在集控站内的终端计算机上直接监控端子箱内智能加热器的工作状态。如图1.15.1所示。

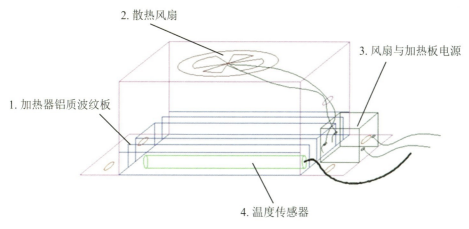

图1.15.1　端子箱内智能加热器结构示意图

三、创新点

本项目的主要创新点如下:

1. 风热直吹,加热温度

该智能加热器在加热器铝质波纹板上加装了1台小型风扇,将热空气定向朝端子排输送,保持端子排等设备干燥、温度恒定,同时也能加快端子箱内部热交换,增强加热器的加热效果。如图1.15.2、图1.15.3所示。

图1.15.2　导热风扇

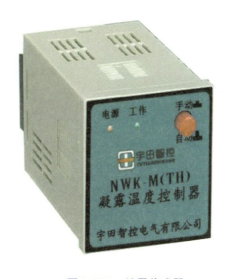

图1.15.3　结露传感器

2. 双重监控，灵敏投切

在温度、空气湿度、大气压等多种因素的作用下，水蒸气的结露温度、湿度是不同的，该智能加热器同时测量环境温度与湿度，以判断箱内环境是否具备形成凝露的条件，从而投切加热器。

3. 在线监测，查无遗漏

端子箱内的数据采集元件能通过通信光纤将加热器实时数据上传到后台监控计算机上，一旦出现加热回路断线或加热器损坏，计算机就会发出报警，告知运行人员到现场进行检查和修理。实现在集控站内后台终端计算机上直接监控端子箱内智能加热器工作状态的功能。如图1.15.4所示。

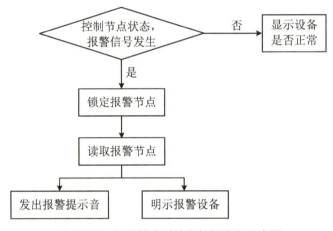

图1.15.4 加热器实时信息数据流程示意图

四、项目成效

1. 现场应用效果

经国网池州供电公司安全、技术部门批准后，公司在气温小于12 ℃、具有形成凝露条件的夜间，通过后台监控机对变电运维三班所辖的变电站进行检查，结果如表1.15.1所示。

表1.15.1 智能加热器工作情况统计表

日期	气温（℃）	变电站名称	加热器投入情况（已投入/总数）	加热器未投入数量
2017年10月29日	11	高湖变电站	15/15	0
2017年11月5日	13	殷汇变电站	39/40	1
2017年11月20日	13	灯塔变电站	63/65	2
2017年11月29日	6	观牛变电站	68/70	2
		合计	185/190	5

安装智能加热器以后,在可能结露的夜间,每个变电站户外端子箱的加热器投入使用率达95%以上,通过现场逐个监测,智能加热器在线实时监控的正确率达100%。

2. 效益分析

(1) 经济效益

新型加热器的应用缩短了对端子箱的巡视时间,有效地提高了巡视效率与质量,同时为端子箱内设备的安全运行提供了良好的环境,从根源上消除了端子箱内设备受潮导致的二次回路接地或短路等隐患,为企业带来良好的效益。

(2) 社会效益

目前,该项目成果正在准备申报国家实用新型专利,已发表学术论文多篇。应用该项目成果,可以大大地提高电网的安全、稳定运行水平,对于国民经济及社会发展具有重要作用。另外,该智能加热器投入使用后,运维人员只要通过后台机就能实时了解各个端子箱内加热器的工作情况,改变了在日常巡视工作中对加热器进行逐个开箱检查的窘境,极大地提升运维人员的运维效率与质量,在户外端子箱加热器实时监控方面也实现了零的突破。

项目团队　树发劳模创新工作室

项目成员　王国强　傅泽华　纪陈云　孙军锁　储昭睿

项目16
一种继电保护电流试验端子专用夹钳

国网滁州供电公司

一、研究目的

目前,变电站母差保护、主变压器保护中均有大量的电流试验端子,在开关检修或者母差保护停运时,运维人员要操作多个电流试验端子。在无辅助工具的情况下,运维人员操作试验端子存在以下问题:

(1) 端子较多,耗时费力。以1座220 kV变电站220 kV母差保护停运为例,操作1个端子需要3 min左右,如果有10~15个电流试验端子,完成操作需要30~50 min,浪费大量检修时间。

(2) 空间狭小,不便操作。每个端子都有内、外两层,只有先操作完其中一层,才能操作另外一层,层与层之间空间狭小,不便操作。

(3) 带电操作存在安全风险。在多数情况下,电流试验端子需要带电操作,在有限的空间内,运维人员戴上绝缘手套操作,十分不便,而不戴手套操作又存在安全风险,一旦电流互感器开路,有可能导致高电压窜到二次回路,造成人身伤害。如图1.16.1所示。

二、研究成果

为解决以上难题,项目组研发出一种继电保护电流试验端子专用夹钳,夹钳设计如图1.16.2所示。

图1.16.1　手动操作试验端子

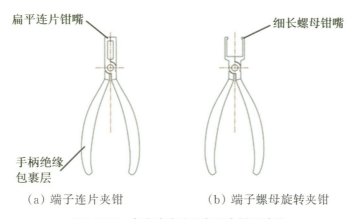

(a) 端子连片夹钳　　　　(b) 端子螺母旋转夹钳

图1.16.2　电流试验端子专用夹钳设计图

电流试验端子专用夹钳有以下特点:

(1) 该夹钳分为左、右两部分,图1.16.2中左边的夹钳用于夹电流试验端子连片,右边的夹钳用于旋转端子螺母。

(2) 该夹钳的左、右钳钳嘴设计精确,尺寸正好能满足电流试验端子内、外两层的操作需要,在狭小的空间里操作简便,节省时间,提升效率。

(3) 该夹钳手柄采用绝缘材料,不会造成二次回路短路,保障了操作人员的人身安全。图1.16.3所示为继电保护电流试验端子专用夹钳。

图1.16.3 继电保护电流试验端子专用夹钳

三、创新点

本项目的主要创新点如下：

（1）包含电流试验端子连片夹钳和端子螺母旋转夹钳。

（2）端子螺母旋转夹钳的钳嘴细长，在压紧状态下留有中空间隔，能满足试验端子两层螺母的操作需要。

（3）电流试验端子连片夹钳的钳嘴为90°折板结构，钳嘴扁平，能满足试验端子两层连片的操作需要。

（4）夹钳手柄上带有绝缘保护套，能满足安全操作需要。

四、项目成效

1. 现场应用效果

该夹钳通过试验的方式来验证效果：在110 kV扬子变电站35 kV母差保护装置上，采用徒手和使用专用夹钳两种方式拆除8个电流试验端子并进行对比。试验结果如表1.16.1所示。

表1.16.1　现场试验结果

参数项目	徒手操作	用专用夹钳操作
操作用时	25 min	9 min
电流互感器二次开路的可能	有	无
人员伤害	有(手指划破)	无

试验结果表明：电流试验端子专用夹钳达到设计要求。使用电流试验端子专用夹钳后，能方便取投内、外层电流试验端子连片，松紧内、外层电流试验端子螺母，夹钳手柄均具有绝缘功能；能缩短电流试验端子操作时间，避免出现因端子连片松动造成的二次回路异常及电流互感器开路等现象，为操作人员的人身安全和电网稳定运行提供了保障。如图1.16.4所示。

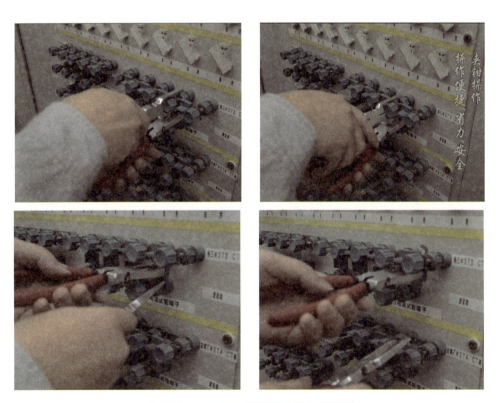

图1.16.4　110 kV扬子变电站应用现场

2. 应用效益

（1）提高工作效率

徒手操作模式下，平均操作1套母差保护试验端子全流程需要2人×0.4 h/人；在使用专用夹钳操作模式下，平均操作1套母差保护试验端子仅需2人×0.15 h/人，每次操作可节省0.5个工时。经推算,国网安徽省电力公司每年可因此节省约360000个工时,提升工作效率近3倍。

(2) 经济效益

此项成果的应用,节省劳动力,提高了工作效率,降低了操作风险,经济效益显著。

第一:节约人力成本,每年减少了滁州供电公司人力成本投入13.4万元。

第二:缩短操作时间,即缩短用户停电时间,按每年多供电36万kWh计算,可增加营业收入约18万元。

(3) 安全效益

对于电力生产企业来说,安全是最大的经济效益。该夹钳缩短电流试验端子操作时间,并避免因端子连片松动造成的二次回路异常及电流互感器开路对操作人员造成人身伤害,保障了电网安全、稳定运行。

(4) 社会效益

此项成果的应用,满足了变电站倒闸操作现场的实际需要,缩短了电流试验端子操作时间和用户停电时间,满足了客户用电需求,提升了供电服务质量,提高了供电可靠性,树立了良好的公司形象。

(5) 推广应用价值

本项目适用于电力行业的继电保护作业,目前已在国网滁州供电公司的35座变电站全面应用。本项目为国内首创,目前已申请国家发明专利1项,在国家级期刊发表论文1篇。

项目团队	丰乐科技创新工作团队

项目成员	李庆海　张朝峰　伍　阳　王　莉　沈　萌　蔡　静　汪光亚　任新辉

项目 17
多功能状态检修平台

国网阜阳供电公司

一、研究目的

随着电网的不断发展,变电站数量逐年增加,电力设备状态检修试验的工作量也快速增加。在现场工作中存在仪器来回搬运不方便、工器具放置混乱、高空坠落风险大、仪器不能及时充电等问题。为解决这些问题,满足现场检修工作需要,项目组研制出一种多功能状态检修平台。

二、研究成果

多功能状态检修平台由上、下两个工作平台,制动升降调节装置,智能模块三部分组成(图1.17.1),主要实现以下功能:

图 1.17.1 多功能状态检修平台

（1）仪器集成摆放功能。平台具有能够摆放仪器的平面，方便仪器在工作现场来回搬运。

（2）平台升降功能。能够根据工作需要，调节平台高度。

（3）工器具集成摆放功能。各种工器具固定摆放位置，便于工作时寻找。

（4）实时充电功能。内置电源，可以实时对仪器充电。

（5）温度、湿度显示功能。项目现场工作时不用携带温湿度计。

（6）承载多项检测试验。

三、创新点

本项目的主要创新点如下：

（1）平台具有摆放仪器、工具的功能，每一种工器具都摆放在固定的位置，便于工作时寻找。多台仪器摆放在平台上，方便仪器在工作现场来回搬运。如图1.17.2所示。

（2）平台具有升降功能，能够根据工作需要调节高度。

（3）平台具有充电功能，内置大容量锂电池，可对多种仪器充电，解决了在现场试验过程中仪器断电的难题。如图1.17.3所示。

（4）平台具有温度、湿度显示功能，现场工作时不用携带温湿度计。

（5）平台由高分子绝缘材料制作，具有高强度、高绝缘性，同时具有升降功能。如图1.17.4所示。

（6）平台可承载多项检测项目，如SF_6气体检测、绝缘油微水测试。

图1.17.2　平台摆放仪器、工器具功能

图1.17.3　平台内置锂电池给仪器充电

图1.17.4 平台绝缘性能试验和用平台登高

四、项目成效

1. 现场应用效果

该平台研制成功后,经国网阜阳供电公司安检部门审核,进行了现场应用(图1.17.5),利用2017年10月21日韦寨变电站开关SF_6气体测试的机会,项目组对多功能状态检修平台进行了工作效率测试,结果如表1.17.1所示。

表1.17.1 传统方法与新方法测试所用时间统计表

工作方法	工器具准备时间(min)	工作票许可及开会时间(min)	搬梯子时间(min)	试验总用时(min)	总工作时间(min)
传统方法	10	30	20	180	240
新方法	0	30	0	120	150

图1.17.5 多功能状态检修平台应用现场

2. 应用效益

（1）经济效益

以对1台开关气体测试分析为例，原试验时间为40 min，现测试时间为20 min，节省20 min。按每年测试800个点计算，可节省16000 min，即266.7个工时，可节省开支4.44万元。

再以1个油样取样为例，原工作方式工器具准备时间为10 min，现场搬运梯子20 min，现这些过程都不需要耗时，共节省30 min，按每年取油样1000个计算，共计节省时间30000 min，即500个工时，可节省开支8.33万元。

两者合计节省开支：4.44＋8.33＝12.77万元。

（2）安全效益

多功能状态检修平台的使用，有效地消除了登高作业带来的安全隐患，同时提高了检修质量，为电气设备的安全运行提供了有力保障。

（3）社会效益

应用多功能状态检修平台，降低了人员劳动强度，缩短了检修时间，提升了工作效率，为公司及社会创造了良好的无形效益。

（4）推广应用价值

本项目为国内首创，已获得国家外观专利1项，发表论文2篇，2017年荣获全国电力企业科技创新成果三等奖。同时，该平台已在部分单位成功应用，可以在电力系统内的运检单位全面推广。

项目团队 周海龙劳模创新工作室

项目成员 周海龙　王万春　王晓峰　张治新　张　智　卫　秦

项目18
一种电流致热型发热缺陷带电处理装置

国网阜阳供电公司

一、研究目的

目前,国内35～500 kV电压等级的变电站超过1万座,站内高压设备数量达到百万级。在这些设备的各类缺陷中,电流致热型缺陷占80%以上,严重威胁电网的安全运行。对该类缺陷的处理一直面临三大难点:

(1)日常预防难。该类缺陷存在于数百万设备的各种通流部件中,受设备长期运行、安装工艺差、检修体量大等影响,老缺陷难以全面消除,新缺陷不断被发现,令人防不胜防。

(2)临时停电难。该类缺陷常暴露在高温大负荷时期,要临时停电消缺,但涉及复杂的倒负荷操作、停电范围广、社会反响大、投诉多等难题,阻力重重。

(3)带电消缺难。目前已有的带电消缺手段和装置均不同程度地存在着安全风险高、持续降温效果差、安装操作难、耗时长等问题,未能广泛使用。

为解决上述难点问题对电网安全运行的干扰,项目组研制了一种安全、高效、便捷、经济的带电处理电流致热型缺陷的装置。

二、研究成果

本项目旨在提出一种对接触面压接不紧、氧化的高压接头沿板处发热及T型线夹T接点处发热等电流致热型发热缺陷通过短接分流进行降温的装置。本装置由自创的闭锁器和阻尼弹簧搭配经改造的高空接线钳和绝缘杆组成。接线钳部分由锯齿状虎口、用于上/下虎口导流或不同线夹间安装导流铜线的导电基座、用于与绝缘杆对接并内置了线夹开合状态闭锁器的底座组成；绝缘杆为电力系统常用的轻质绝缘杆，上部与线夹对接，下部可手持。如图1.18.1所示。

（a）接线钳端部

（b）绝缘杆

图1.18.1　装置的主要组成

电流致热型发热缺陷带电处理装置的关键技术与难点在于：

(1) 研发出高效、可持续降温的装置，使其具有实用性。参考室外高压断路器停电进行回路电阻测试时使用的高空接线钳钳口锯齿状结构，利用短接分流原理，并考虑设备带电后机械振动、热胀冷缩等的影响，设计了闭锁器具和阻尼装置，使得线钳在设备带电情况下对短接点可靠夹紧，进行短接分流。

(2) 研发出使用安全、便捷的装置，使其具有推广性。装置的安装和拆除通过推拉和旋转即可实现，从举杆安装到安装完成取下操作杆平均用时12 s，拆除过程平均用时14 s。装置使用的简单程度堪比高压验电器，可由单人完成操作。

三、创新点

本项目的主要创新点如下：

1. 更安全便捷

解决了业内同类装置操作难、安装风险高的问题，装拆速度提升100倍。自创的闭锁装置与转轮传动系统相结合，使得装置的拆装可通过简单地推拉和旋转绝缘杆来完成，单人30 s内可完成1次装、拆线夹的操作。操作杆使用轻质高绝缘材料，安全性高。

2. 更高效持久

项目组对设备带电与不带电时的发热、受力进行对比，为装置研发了特制的闭锁器和阻尼弹簧,并申请了专利。使用本装置后,能够在 30 min 内将热点温度降至正常温度范围,在装设 12 天后,缺陷点温度仍被控制在正常温度范围,填补了同类装置降温效果难持久的技术空白,极大地提高了消缺效率。

同时,装置还兼有高空接线钳的优点,能够实现对不同角度安装的高压接头、线夹的短接分流。

四、项目成效

1. 现场应用效果

本装置的现场应用效果如图 1.18.2 所示。

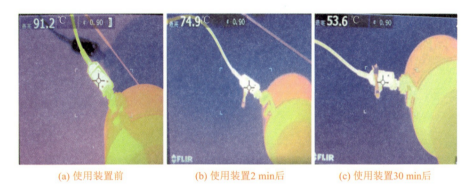

(a) 使用装置前　　(b) 使用装置 2 min 后　　(c) 使用装置 30 min 后

图 1.18.2　使用本装置对某接头电流致热性发热缺陷消缺 30 min 温度监测图

2. 应用效益

（1）安全效益

减少倒闸操作次数,降低各类操作风险;消除设备常见缺陷,提高电网运行可靠性。

（2）经济效益

使用该装置可将 30% 的发热设备停电消缺工作延至下 1 个周期或负荷小的时段,降低了发热缺陷处理成本,提高了发热缺陷消缺时效性,降低了设备的热损坏概率。以国网阜阳供电公司为例,每年可带来约 100 万元的经济效益。

（3）社会效益

提高了电力供应可靠性,提升了公司形象。

| 项目团队 | 阳光微尘专家人才工作室 |

| 项目成员 | 魏存金　刘志峰　柯艳国　郭碧翔　潘高伟　牛立群　马林生　李玫瑾 |

项目 19
多功能自动排线数显电源盘

国网合肥供电公司

一、研究目的

正常的检修试验工作都需要使用低压交流电源,常采用交流电源盘供电。在使用时,传统电源盘在交流电源处取电,并放线至工作现场。使用传统电源盘存在以下诸多不便:

(1) 工作效率低。传统电源盘通常需要两个人进行收线操作,单人操作复杂并易受伤,且需耗费大量时间整理电源线。

(2) 配套性差。由于插头适应性差,不配套率高达 78.5%,导致要现场制作插头,影响总操作时间。

(3) 无法保证仪器测量数据的准确性。某些精密仪器对电源电压有较高的要求,传统电源盘不能实时监测电流、电压,直接影响测量数据的准确度。

为解决传统电源盘在实际工作中带来的诸多不便,本项目旨在研制一种新型多功能自动排线数显电源盘,实现多插头通用设计、线缆高效收放、电压实时监测,以提高工作效率,减少安全隐患。

二、研究成果

电源盘是检修试验作业现场的基本工具之一,然而传统电源盘存在多项缺陷。本项目研制的多功能自动排线数显电源盘可以替代传统电源盘,还包含自动排线功能、多插头功能、数显功能。如图 1.19.1 所示。通过对 3 个功能模块及整机进行多项试验证明,该电源盘将日常配置电源盘的时间降低了 2/3,减少了停电时间,具有可观的经济效益。同时,该电源盘消除了传统电源盘的安全隐患,保障了工作人员的人身安全。

图1.19.1　多功能自动排线数显电源盘

三、创新点

本项目的主要创新点如下:

1. 极大提高工作效率

在使用多功能自动排线数显电源盘时,收线只需1人,可减少工时,且操作方便。收线整齐紧固,不会出现电源线散线、缠绕的情况,可提高工作效率和效果。该电源盘适用于所有检修现场,不必现场临时制作或拆卸插头,可节约工作时间。如图1.19.2所示。

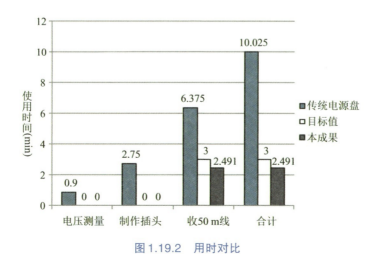

图1.19.2　用时对比

2. 可实时监测电压

多功能自动排线数显电源盘采用集合式数显电源状态模块,可实时监测电源电压及仪器输入电流,提高仪器的安全性及数据的准确性,还可以提前发现异常情况,保障人身及设备安全,有利于工作顺利开展。如图1.19.3所示。

图1.19.3　集合式数显电源状态模块

四、项目成效

1. 现场应用效果

经过了多次现场试用,该电源盘运行正常,性能稳定,整体情况良好。降低了安全隐患,提高了工作效率和效果,也达到了预定的量化目标,即节约了电压测量时间和插头制作时间,平均收放50 m线缆仅需3 min。同时,实现了对电源电压的实时监测,电源电压实时监测率为100%。

2. 应用效益

（1）提高工作效率

根据调研及测试结果,仅变电检修室每年的电源盘使用次数就高达约800次。应用该电源盘,每次的使用时间可减少2/3,即节约7 min。项目完成后,共进行了426次测试,合计节约时间约50 h,工作效率大大提高。如表1.19.1所示。

（2）经济效益

据统计,合肥地区单个变电站输出功率约为15.1 MW,电价按照0.9元/kWh计算,可创造经济效益约70万元。随着该电源盘的推广应用,经济效益将持续增加。

（3）安全效益

该电源盘采用插拔式的多插头,可以适应所有检修现场的电源插座（包括接线柱),省去了现场制作插头的过程,避免了因频繁拆解插头造成的线缆绝缘层损坏,降低了工作人员的触电风险。此外,该电源盘具有监测电源电压、电流的功能,可以提前发现设备故障等异常情况,降低工作人员、设备的安全风险。

表 1.19.1

工作地点	工作次数	平均电压测量时间(min)	平均制作插头时间(min)	平均收放50 m线时间(min)	合计(min)	电源电压实时监测率(%)
撮镇变电站	23	0	0	2.56	2.56	100
永青变电站	76	0	0	2.44	2.44	100
莲花变电站	87	0	0	2.52	2.52	100
螺丝岗变电站	85	0	0	2.46	2.46	100
桥头集变电站	12	0	0	2.54	2.54	100
陶楼变电站	21	0	0	2.48	2.48	100
科技园变电站	65	0	0	2.50	2.50	100
火车站变电站	57	0	0	2.43	2.43	100

(4) 社会效益

该电源盘的自动排线及多插头功能提高了工作效率,提升了工作效果,使收线整齐紧固,缩短了停、送电操作时间,避免了因操作时间过长造成的用户电量损失,切实提高了供电可靠性,树立了良好的公司形象。此外,该电源盘可以时刻监测电源状态,为那些对电源状态要求较高的仪器设备提供了安全保障,使得测量数据更加可靠,提高了工作质量,也很好地维护了公司形象。

除此之外,该电源盘完全由公司员工自行设计研发,从最初的资料收集、现场调研,到提出方案、比较方案,再到最后的确定方案、加工、改进、测试及总结。培养了员工的创新能力、研发能力及实际动手能力,展现了国网合肥供电公司员工的风采。

(5) 推广应用价值

国网合肥供电公司安全质量监察部、运维检修部组织专家对本项目进行了论证,结果显示:本项目成果使用安全、便捷,降低了现场工作人员的安全风险,提高了工作效率及效果,具有较大的应用价值;本项目成果可替代传统电源盘,不仅可供电力行业使用,还适用于所有无特殊要求的用电场合,应用范围广泛。本项目成果经国网合肥供电公司运检部、安质部审核鉴定、验收合格后,已在全公司推广使用,使用效果良好。

本项目成果属于国内首创,已申报国家发明专利及实用新型专利。由于本项目成果具有很大的实用价值,有效地解决了实际问题,具备良好的推广前景。

项目团队	童鑫技能大师工作室

项目成员	童 鑫　韩 光　张 翼　杨治纲　方自力　秦 鹏　潘 超　关少卿　周章斌　殷忠宁　古海生　邹有超　郑海良　周 昕　李孟增　王 翔

项目20
气体绝缘电气设备运维检修作业平台

国网合肥供电公司

一、研究目的

六氟化硫(SF_6)气体绝缘电气设备由于具有安全性高、维护量低、占地面积小等优点,越来越多地应用于变电站中。伴随着此类设备的增加,气室补气、控制回路开断消缺等工作也逐渐增多,而现有的检修装备存在着诸多瓶颈:设备通用性差、安全风险高、作业效率低等,不能很好地适用于现场作业环境。本项目旨在研发气体绝缘电气设备运维检修作业平台,平台集成常用的检修作业功能,采用模块化通用设计,兼容市场常见的设备接口,适用于多种现场作业场景,使气体绝缘电气设备的检修效率与质量得到大幅提升,检修作业的安全风险显著降低。

二、研究成果

气体绝缘电气设备运维检修作业平台是集气瓶运输、充装辅热、余量控制、真空监测、快装工具、数字电源、二次回路校验等功能于一体的作业平台,解决了气体绝缘电气设备在传统运检工作中存在的气瓶手工搬运、原材料冗余浪费、二次回路校验缓慢等问题,极大地提高了检修质量与工作效率。该平台由7个功能单元组成,如图1.20.1所示。

1. 气瓶运输单元

采用钢结构和三角轮设计,承重稳固、快捷高效,实现了不同平面的垂直运输,在楼梯、草地、石子路等恶劣条件下依然移动轻便、灵活,大幅地提高了气瓶搬运的机动性和安全性。

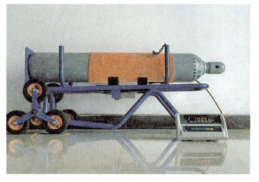

(a）气瓶运输单元、辅热单元及气体余量控制单元

(b）二次回路校验单元

(c）自动排线数显电源单元

(d）真空度检测单元

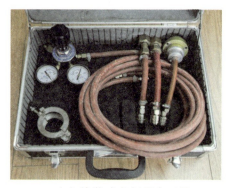

(e）快装式充气组合工具

图1.20.1　气体绝缘电气设备运维检修作业平台

2. 气瓶辅热单元

辅热单元内置电热丝和温度调节器，可对气瓶内部气体的气化过程进行有效控制，降低充装过程中的水分侵入风险，提高SF_6气体的利用率，节约成本。

3. 气体余量控制单元

通过传感器采集压力信号，结合充装环境的湿度与温度条件，计算气瓶内部气体余量，并将相关信息数字化、可视化，配合气瓶辅热单元，实现SF_6气瓶剩余气体的定量控制。

4. 真空度检测单元

采用皮拉尼真空传感器与16位高精度微处理器,代替传统麦氏真空计,实现SF_6设备真空度自动化实时监测,安全可靠,测量精度高达0.1 Pa。

5. 快装式充气组合工具

开发适用于不同厂家、不同类型设备的通用接头组合工具,利用通用接头和快装卡箍,实现充气回路的快速组装以及与设备接口的通用对接,携带方便、安装便捷、连接牢固。

6. 自动排线数显电源单元

集成的电源盘具有自动收放线、电能参数监测与智能保护功能,操作方便,收线整齐,提高了工作效率和安全性,适用于各类检修现场。

7. 二次回路校验单元

采用单片机和光耦隔离件设计,能够同时对24条控制回路的导通闭合、信号损益、电路连接等开展校验工作,大大提高了电气设备保护控制回路检修校验工作的安全性和可靠性。

通过上述功能单元的优化组合,解决了气体绝缘电气设备在传统运检工作方式中存在的难点和弊端,极大地节约了作业成本,提高了检修质量,保障了电网的可靠运行。

三、创新点

该平台的研制将微电子技术和数字化信息技术加以整合,实现气体绝缘电气设备运维检修作业的数字化、自动化、精益化。突破各功能模块相互独立、配套工具不相兼容、检修资源冗余浪费、作业环境单一受限等瓶颈问题,使运检工作更加安全、快捷、灵活。本项目的主要创新点如下:

(1)气体充装作业单元采用温度、湿度、真空度等多维度数字传感器,收集运检作业中的各项关键数据,将模拟信号数字化处理,实现对充装气体的速度、水分的精度控制。

(2)多平面运输载具的研制,有效地解决了传统人力搬运的诸多不便,消除了搬运过程中气瓶倾倒伤人、高压容器剧烈震动等潜在安全隐患。

(3)通用工具组件突破了传统接头、管路、阀口的配置模式,采用多接头通用设计,使拆装更为便捷,密封更加可靠。

(4)电源与二次回路校验单元充分运用自动控制原理,采用微型单片机、串口通信、数模转化等数字电子技术和微处理技术,实现了SF_6设备二次回路运检作业的程序化、自动化。同时,可对各模块功能进行调整和增减,具有极强的扩展性。

四、项目成效

1. 现场应用效果

该平台于2016年9月在国网合肥供电公司和下辖的各县公司进行推广,平台总体应用情况良好,很好地解决了GIS等气体绝缘电气设备在传统运维作业中存在的弊端,使日常工作更加高效、快捷、安全。如图1.20.2所示。

图1.20.2 气体绝缘电气设备运维检修作业平台应用现场

2. 应用效益

(1) 社会效益

气体绝缘电气设备运维检修作业平台的研制,大大提高了设备运行维护和检修作业的安全性和经济性,并在节约企业资源的同时,填补了运检装备领域的技术空白。通过提升效率、缩短停电时间,充分地实现了经济、社会、环境综合价值的最大化。

(2) 经济效益

采用单项因素直接测定法(MTP)对成果的经济效益进行计算与分析。
MTP的通用计算公式为

$$E_m = (Q_1 - Q_0) \cdot (L + M + V) + F - \left(\sum_{a=1}^{n} C_n + I\right)$$

E_m:按MTP方法计算出的单项成果经济效益,以现行价格计算的价值量表示。
Q_1:统计2017年实际检修数量,取值35台。

Q_0：2017年运用成果前的实际检修数量，取值7台。

L：成果实施后，减少的人工检修所需的人工费、工时费、差旅费等机会成本，取值155元/台。

M：成果实施后，每台设备减少的普通运维所需工具的损耗、租赁等费用，取值85元/台。

V：成果实施后，每台设备可减少的因意外停电造成的供电损失，结合其所处的风险等级，故取值30000元/台。

F：成果实施后带来的边际效益，如提高了电网运行可靠性系数后，电网运行更加稳定，消除了过电压发生的概率，延长了其他设备的绝缘寿命，取值200000元。

C：成果实施费，取值60000元。

I：实施成果时对设备造成的结构损伤，换算成经济指标，确定为200元。

将各项数值代入公式后可得：成果实施后每年可节省运维检修费986520元，大幅地降低了运维成本，提高了检修资源的利用效率，经济效益显著。

本项目成果通过长期的实践应用，不断地得以改进和完善。项目组已编写出相应的使用说明书、试验导则、检定校验规范、作业指导书等标准化作业文本，使产品的使用和维护更加规范。此外，结合研究成果，项目组先后在多家核心期刊及重要科技刊物上发表论文6篇，已申报国家发明专利及实用新型专利4项。

项目团队 126创新工作室

项目成员 张 翼 杨治纲 韩 光 潘 超 秦 鹏 王 翔 金 星
童 鑫 杨玉青 陶伟龙 李孟增 刘 威 张午扬

项目21
设备线夹快速钻孔定位尺

国网淮南供电公司

一、研究目的

设备线夹是电力设备上常见的用于连接引线与电气设备出线端子的连接设备。设备线夹一般出厂时不钻孔,由检修人员根据需要在接线板部分自行钻孔。钻孔需要的参数有孔数、孔距、孔径、接线板尺寸等,根据需要连接的设备的接线板来定。设备线夹钻孔一般要求准确、居中、牢靠、美观,最重要的是能够和设备准确地紧密地连接。目前,常规钻孔方式有画线钻孔法、模板钻孔法,其中画线钻孔法是最常用的方法。以上方法主要存在以下弊端:

(1) 画线钻孔法步骤烦琐,耗时多,效率低。

(2) 画线钻孔法每步操作都会产生误差,累计误差大,钻孔废品率高。

(3) 模板钻孔法适用范围有限,不能满足多种孔数、孔距需求,不易采购,成本高,易磨损。

综上所述,为改进传统钻孔定位方式,提高工作效率,降低废品率,本项目旨在研制一种新型钻孔定位尺,代替传统打孔定位方法,实现快速、精确定位,适用各种参数钻孔需求。

二、研究成果

本项目研制的设备线夹快速钻孔定位尺包括主尺、划针和2个滑动尺。主尺为倒L型,由相互垂直的垂直尺和水平尺相连构成,滑动尺的滑动设置在垂直尺上,且滑动尺也垂直于垂直尺,垂直尺、水平尺末端和滑动尺上均设有刻度,精度1 mm,水平尺末端有刻度的一个面在沿水平尺长度方向开有条形凹槽，水平尺靠近垂直尺的一端端面开有通向条形凹槽的通孔，划针穿过通孔并伸入条形凹槽内。本设备线夹快速钻孔定位尺结构简单，操作方便，能快速、准确地找出需要打孔的中心样点。附有划针1个，以避免划针使用时找不到或者方便野外工作使用。如图1.21.1~图1.21.3所示。

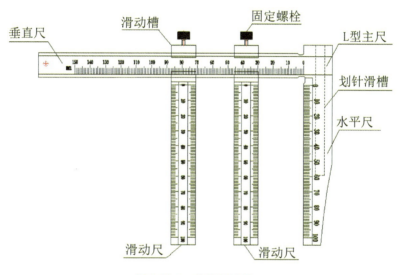

图 1.21.1　整尺结构图

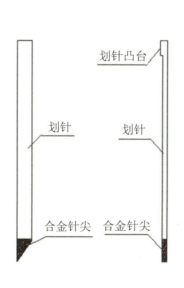

图 1.21.2　划针结构图

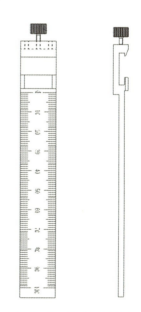

图 1.21.3　滑动尺结构图

滑动尺的一端设有滑槽，垂直尺可贯穿滑槽，滑动尺的一端端面开有通向滑槽的螺纹孔，螺纹孔内旋接用于实现滑动尺和垂直尺相互锁紧的螺栓。

整尺材质为3Cr13不锈钢，热处理硬度HRC 40~45，这样可以增加尺子的硬度与牢固性,有较高的强度、硬度和耐磨度。

垂直尺刻度为0~150 mm,水平尺刻度为0~100 mm,滑动尺刻度为0~100 mm,满足线夹尺寸需求。垂直尺能快速测出设备线夹宽度,水平尺能快速测出设备线夹长度,滑动尺能快速实现孔距定位。主尺的厚度为3 mm,如果主尺过厚的话,那么不仅增加成本,还显得笨重;如果主尺太薄的话,那么影响尺子整体稳定性。3 mm的设定既节约了成本,又能保证尺子的稳定性。

本尺侧边对齐高度差优选为2 mm,用于对齐设备线夹边角与本尺的0刻度。

设备线夹快速钻孔定位尺的关键技术与难点在于:

(1)结构设计。适用于各种钻孔参数。

(2)参数设计。设计合适的材质、长度、厚度、对齐高度、精度等参数,既保证尺子便于携带、美观、结构稳定,又精确、实用。

(3)材质设计。要求耐磨不易损坏。

三、创新点

本项目的主要创新点如下:

(1)设计全新的结构。采用主尺与滑动尺相结合的创新结构,上、下可调,适用于各种孔距;隐藏式划针设计,既不影响整尺结构稳定,又方便抽取使用。

(2)精准的参数设计。设备线夹快速钻孔定位尺的长度、宽度、厚度、对齐高度等均精确到毫米,能与设备线夹完美贴合。

(3)材质选择。整尺材质为3Cr13不锈钢,有较高的强度、硬度和耐磨度,热处理硬度 HRC 40~45,增加了尺子的硬度与牢固性;为确保划针的耐用性和硬度,确定划针整体材质为不锈钢,划针头为钨钢合金,确保能够轻易地划出划痕。

(4)操作使用简单。调整松紧螺栓,通过简单加减口算,调整滑动尺,即可完成钻孔定位。

四、项目成效

1. 现场应用效果

经国网淮南供电公司技术部门批准后,2017年6月,公司用该设备线夹快速钻孔定位尺对5组规格不同的设备线夹进行了中心样定位测试,结果如表1.21.1所示。

表 1.21.1　现场使用测试结果表

	设备线夹数量	合格数量	报废数量	合格率
第1组	20	20	0	100%
第2组	20	20	0	100%
第3组	20	20	0	100%
第4组	20	20	0	100%
第5组	20	20	0	100%
总计	100	100	0	100%

特别是在4孔定位时，对比常规画线法，效率提高800%。2017年6~12月在基层班组内推广该尺，共使用该定位尺定位线夹412个，报废数量0个，合格数量412个，定位准确率达100%。

2. 应用效益

（1）小巧轻便，使用方便。整尺方便放入各种工具箱包内，经过简单加减口算即可快速定位。

（2）提高作业效率，缩短钻孔定位时间。经现场测试，在简单调整好孔距后，每个孔定位时间为0.5~1 s，比2孔定位效率提升4倍以上，比4孔定位效率提升8倍以上。

（3）增加经济效益，减少设备线夹损耗。使用该定位尺定位准确度达100%，按每单位每年使用5000只设备线夹、每只平均50元、因常规钻孔误差导致的报废率5%计算，可减少经济损失1.25万元，安徽省16个地市供电公司每年可减少损失20万元。

目前，该设备线夹快速钻孔定位尺已在国网淮南供电公司进行试点应用。相对于传统钻孔方式，其便捷高效、准确可靠，提高了工作效率，广受好评。此外，该项目已获得实用新型专利1项。

项目团队　步扬创新工作室

项目成员　郭步阳　胡欣然　陈霁翔　戴经纬　卢启硕　谢骏明　庞　帅

项目 22
电网站域防误操作系统

国网黄山供电公司

一、研究目的

计算机防误闭锁装置即"五防"装置,"五防"指的是防止误拉合开关、带负荷拉合刀闸、带电挂接地线、带地线送电、误入带电间隔等5种误操作。通过一定的方式、一定的设备,在一定的程度上实现其功能,其基本原理是运行人员在计算机防误模拟屏上进行操作预演,装置能根据典型的防误系统对每项操作进行智能判断和语音提示,直至操作正确后,将正确的操作内容传达至电脑钥匙。现场操作人员用电脑钥匙依照正确的操作步骤对串在开关、刀闸、地刀控制回路的相应编码锁进行操作。通过加装锁具和附件实现对现场设备的强制闭锁,可实现较为完整的"五防"功能,并杜绝不正确的操作行为发生。

随着电力系统的发展,电网规模日益扩大,网架结构的复杂程度越来越高。目前,"五防"系统仍然使用原有的单一变电站独立防误系统,虽然能有效防范站内误操作的发生,但不能实现站间联络线上设备的闭锁功能(如 T 接线路),对跨站的带电合接地开关等误操作还无法精准控制,跨站防误操作存在漏洞,满足不了复杂的电网结构下多站配合操作的安全要求。如图 1.22.1 所示。

针对上述问题并结合地区电网实际情况,项目组从全网防误角度出发,研发出扩展性高、稳定性强、多任务协同管理的新一代站域联动防误闭锁系统。

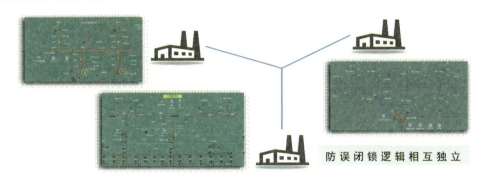

图1.22.1 常规变电站防误示意图

二、研究成果

(1)电网站域防误新技术的研究应用,利用防误主机,通过通信设备与电脑钥匙进行通信,来实现1个防误闭锁系统能够对1个站域内的所有联络设备进行防误逻辑闭锁。同时,基于站域联动防误装置,利用镜像技术使站域内的联络输电线路以及各种联络设备组成1张联络线路电气接线图,并依据该电气接线图及站间防误闭锁逻辑,实现全景式跨站开票及模拟预演,通过防误主机与电脑钥匙间的实时交互,实现多任务并行操作,有效地解决了站域内通过联络输电线路相连的变电站的防误闭锁不能解决多任务并行操作等问题导致的误调度、误操作。在对站域内的某一联络设备进行检修时,该系统能够对整个站域内的联络设备进行逻辑操作,防止误调度和误操作的发生,提高变电站联络线路操作、多任务操作的安全性。

(2)研发站域防误操作系统,绘制站域联络线路电气接线图。将站域内各变电站间的联络输电线路以及各种联络设备组成1张联络线路电气接线图,实现全景式跨站开票及模拟预演操作,避免单站电气接线图无法直观展示联络线路设备状态的情况。如图1.22.2所示。

(3)设计站域联动防误闭锁逻辑。对在联络输电线路上的每个设备编写防误闭锁逻辑,实现相邻联络变电站配合操作时站间设备的相互闭锁,全网闭锁防护一体化、网络化、智能化,提升电网本质安全。

(4)简化多站配合操作开票流程。涉及多站操作的操作票可在同一界面内一次性完成编制。

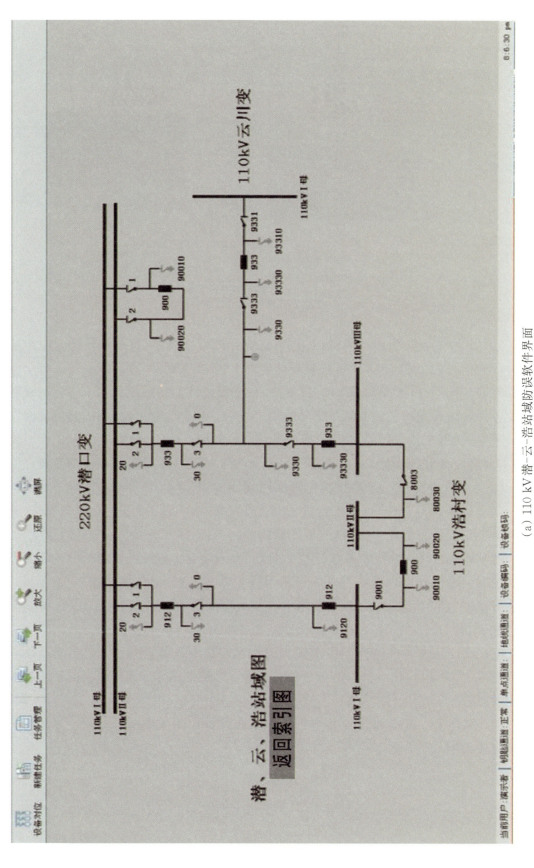

(a) 110 kV 潜-云-浩站站域防误软件界面

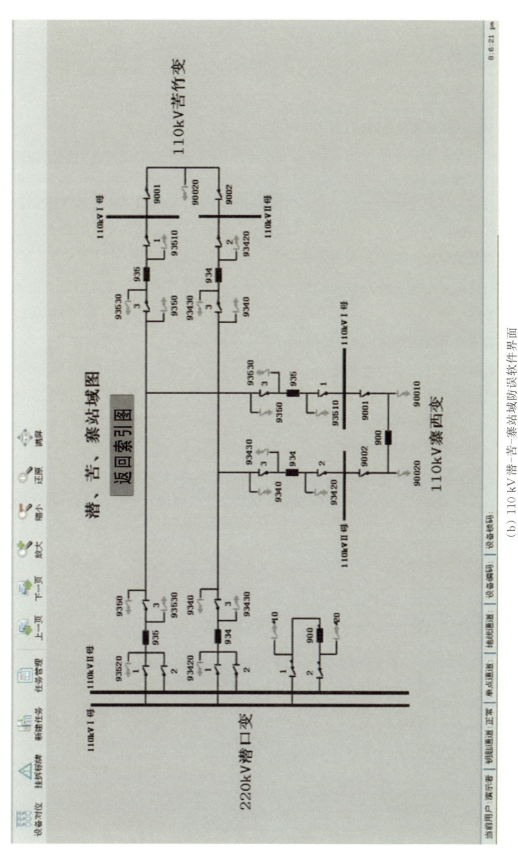

(b) 110 kV 潜一苦一寨站域防误软件界面

图 1.22.2 站域防误电网联络软件图

三、创新点

本项目的主要创新点如下:

1. 缩短模拟填票操作时间,提高工作效率

站域防误操作系统的使用,可避免在变电站间线路检修配合操作时频繁切换各站"五防"界面,缩短模拟操作时间,使操作填票和事故处理更快捷,人机界面更直观地反映局部复杂电网网架的接线方式和运行工况,模拟和实际操作生成的信息更完善、更可靠。

2. 避免误调度和误操作,提升本质安全

避免在多个站配合线路检修操作中,因同一开关编号和名称导致的误调度和误操作事故。

3. 复杂电网防误得到发展和运用

站域防误操作系统能够满足诸如T型接线、双回线等多种复杂电网结构的站域复杂接线防误闭锁要求,完善防误安全管理,从"站"到"网",从"点"到"面",实现从"电气五防"到"电网防误"的转变。

4. 搭建新进学员技能培训平台

站域防误操作系统可作为新员工技能培训平台,如对"五防"系统、特殊复杂的网架接线方式、运行方式、倒闸操作、模拟预演及新一代智能站的培训。如图1.22.3所示。

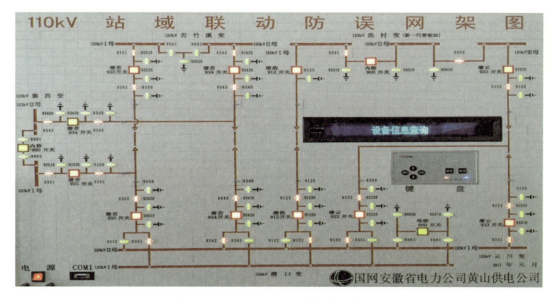

图1.22.3　110 kV站域联动防误网架图

四、项目成效

该项目的建设是电力系统防误的新举措,是对原系统防误的延伸和创新。该系统能满足复杂电网结构下多站配合操作的要求,将各级电网层层防误,形成一体化、网络化、精益化协同防误管理,实现全景式跨站开票及模拟预演,通过防误主机与电脑钥匙间的实时交互,实现多任务并行操作,提高变电站联络线路操作、多任务操作的安全性,还可提高工作效率,使防误操作方向由站内"单面五防"向电网"精准防误"发展,不仅有"站"的概念,还有"网"的观念,站网兼具,防止地区电网误调度和误操作的发生,为地区经济、社会发展提供有力的电力保障。

本项目成果已获得实用新型专利"一种站域联动防误装置(专利号ZL2017 20334646.2)"一项,在《电力设备管理》2017年第7期发表论文一篇——《特殊网架接线站域防误联动装置的研制》,获得2017年国网安徽省电力有限公司第三届青年创新创意大赛铜奖,获得国网黄山供电公司2017年QC项目一等奖(《缩短潜-云-浩站网架联动操作的模拟预演填票时间》)。

项目团队	技能大师工作室
项目成员	舒永志 张 杰 叶 钊 凌晓斌 方庆宇 阳昌旺 胡姝雅 江 涛 谢有杰

项目 23
断路器机械特性试验二次端子自保持接线器

国网六安供电公司

一、研究目的

随着变电站建设的不断加快,变电设备更新及检修的工作量日益增加。在确保安全作业的前提下,提高变电检修的工作效率和检修作业经济性就成为衡量检修作业质量的关键指标。

目前,在每年繁重的变电检修工作中,断路器例行试验工作占了较大比重。断路器例行试验的接线工作存在费时费力、接线不稳定等问题,始终困扰着现场检修人员。如图1.23.1所示。

图 1.23.1 断路器试验二次端子接线传统方法

本项目旨在研制一种断路器机械特性试验二次端子自保持接线器,解决浪费人力、因工作空间狭小易发生坠落事故的难题。因为不用拆接控制回路二次线,可提高工作效率,缩短停电时间,为供电公司带来经济效益,并优化供电服务。

二、研究成果

本项目研制的新型断路器机械特性试验二次端子自保持接线器具有以下优点:

(1)节省人力。开展断路器机械特性试验时只需1人就可进行接线操作。

(2)避免了可能发生的设备故障。新型接线器不用拆接断路器机构箱内的控制回路二次线,接线器可与二次线端子排实现自保持固定接触、金属导电部分弹性接触。

(3)避免了可能发生的人身伤害事故。新型接线器操作轻便,接线时人员不会误碰其他带电端子,同时避免因工作空间狭小而可能导致的坠落事故。

三、创新点

断路器机械特性试验二次端子自保持接线器的创新体现在两个部分:支撑固定部分和接触部分。

1. 支撑固定部分

采用透明且机械强度高的有机玻璃材料作为支撑平面;采用高强度铝合金支撑;用端子与断路器端子箱内端子条配合固定。如图1.23.2所示。

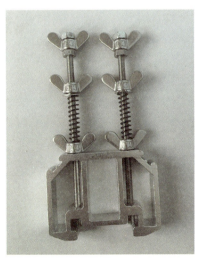

图1.23.2 断路器机械特性试验二次端子自保持接线器支撑固定部分

2. 接触部分

接触部分采用金属接线柱,金属接线柱由标准插头套和弹簧导电针两部分构成。

四、项目成效

1. 解决的问题

断路器机械特性试验二次端子自保持接线器主要解决了以下两个关键问题:

(1) 工作的安全性

一是避免了可能发生的设备故障。新型接线器不用拆接断路器机构箱内的控制回路二次线,避免工作结束后断路器二次线恢复错误或恢复后压接不牢固,杜绝开关恢复运行后不能可靠动作而导致事故。二是避免了可能发生的人身伤害事故。新型接线器操作轻便,接线时人员不会误碰其他带电端子,同时避免了因工作空间狭小而可能导致的坠落事故。

(2) 工作效率

相比传统的断路器机械特性试验二次接线方法,使用新型接线器可以节省人力,开展断路器机械特性试验时只需1人就可进行接线操作,并且整个二次接线安装工作在8 min内即可完成。

2. 应用效益

(1) 经济效益

断路器机械特性试验二次端子自保持接线器的使用,节约了变电站内断路器例行试验或交接试验的人力成本,作业人员可由原来的5~6人降至3人。外出作业,按单人单日消费280元计算,单日可节约成本560元。使用断路器机械特性试验二次端子自保持接线器可大大减少工作时间。采用专用工具,只需单人即可完成接线操作,而且接线时间可控制在8 min内,减少了停电时间。同时,使用断路器机械特性试验二次端子自保持接线器可有效缩短计划停电时间,提高供电可靠性,为公司带来经济效益,并优化供电服务。

(2) 安全效益

一是可以节省人力,腾出作业空间,避免因工作空间狭小而可能导致的坠落事故;二是不用拆接断路器机构箱内的控制回路二次线,避免工作结束后线路恢复错误或恢复后压接不牢固,杜绝开关恢复运行后不能可靠动作而导致事故;三是消除了多次拆接断路器控制回路二次线造成的接线端子使用寿命缩短的隐患。

| 项目团队 | 变电运检室翁兴洪劳模工作室 |

| 项目成员 | 陈腾渊　费传鹤　陆智勇　汪　健　马　勇　赵昊然　云寿全　李茂辉　余　勇　陶信昌 |

项目24
基于循环置换的变电站开关柜运行环境智能调控装置

国网铜陵供电公司

一、研究目的

近年来,中置开关柜被广泛应用于35 kV、10 kV等电压等级的电网中。由于该型开关柜设计紧凑,集成化程度高,柜内空间狭小、带电设备之间及对地距离近,各部件之间的安全距离主要依靠绝缘件来实现绝缘。针对大量10 kV、35 kV中置开关柜绝缘件受潮严重的现象,各运维单位通过在中置开关柜柜体上加装温度与湿度控制装置、防凝露装置,在开关室加装空调、工业除湿机来解决开关柜受潮和散热困难等问题。但该措施无法消除柜内局部"热岛"和凝露"死区",因此急需对开关柜柜内运行环境进行主动调节改造,制造一个相对稳定的运行环境,保障柜内设备安全、稳定运行。

综上所述,改变开关柜柜内传统的除湿、加热、防凝露模式,可采用集中控制、多点检测、主动干预的思路,有效地对开关柜柜内运行环境进行动态调控,消除变电站中置开关设备的运行短板,为开关柜柜内电气设备安全运行提供一个可靠的工作环境。

二、研究成果

基于整体循环置换原理,本项目旨在设计研发一套变电站开关柜运行环境智能调控系统装置。装置由调节主机、主送风管道、分支管道、回风管道、温度与湿度检测单元等组成。调节主机将空气除湿、控温、过滤后,经送风管道鼓入(正压)开关柜,并流经柜内各功能区,将水汽、灰尘、热气等驱赶至柜外,同时柜内潮湿、高温空气经回风管道被抽回(负压)主机,通过实时检测温度、湿度等参数实现智能启停,以此消除柜内潮气、灰尘、流动"死区"和"热岛",破坏凝露条件,从根本上改善开关柜柜内运行环境(温度、湿度、清洁度),实现运行环境智能管控。如图1.24.1所示。

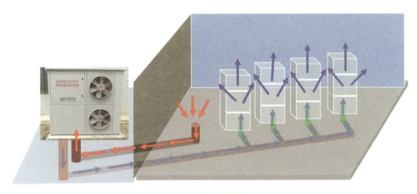

(a) 装置系统图

(b) 调节主机外观图

(c) 分支管道安装图

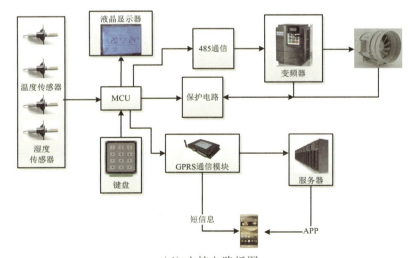

(d) 主控电路板图

图1.24.1 变电站开关柜运行环境智能调控装置

该系统装置的关键技术与难点在于：

（1）基于对开关柜受潮原因的分类分析，研发适应各类开关柜运行环境调节系统，有效快速地降温和消除开关触头等易发热件的局部"热岛"现象，确保开关柜内部各类设备、部件始终保持适宜的温度、湿度与清洁度。

（2）设计高效可行的循环方式与控制逻辑，实现大批量开关柜运行环境智能可靠管控、快速节能地实现除湿控温，通过换气循环、正负压差的方法让柜内空气流动起来，消除"热岛"及凝露"死区"，通过调节主机内除湿、外循环、内循环、雾化、温度与湿度检测等5大模块及智能控制单元，实现不同运行工况下开关柜内部环境的智能控制。

（3）研发装置的远程通信控制模块，将GPRS移动通信与装置绑定，进行温度与湿度等数据的收集、分析，在装置发生异常报警时可以实现远程温度与湿度调节、复归、启动等基本控制。

三、创新点

本项目的主要创新点如下：

（1）采用循环置换技术，集中多模式控制，除湿、控温、除尘稳、准、快。调节主机将空气除湿、控温、过滤后经送风管道鼓入（正压）开关柜，并流经柜内各功能区，将水汽、灰尘、热气等驱赶至柜外，同时柜内潮湿、高温空气经回风管道被抽回（负压）主机，通过实时检测温度、湿度等参数实现智能启停，以此消除柜内潮气、灰尘、流动"死区"和"热岛"，破坏凝露条件，实现运行环境智能管控。

（2）正压送风、负压回风，消除因柜内空气流动性差而形成的"热岛"及凝露"死区"等难题。装置主要通过送风管道正压送风（1.5个大气压）、回风管道负压回抽的方式，强行在柜内底部空气和顶部空气间制造一定压差，利用压差和柜内缝隙，让正压气体会不间断流经各功能区，将水汽、灰尘、热气等驱赶至柜外，再利用管道负压将潮湿、高温、污秽的空气抽回主机并循环处理，即强制柜内的气体流动起来，以破坏原先基本静止的柜内气流环境。通过干燥气体的循环流动，消除开关柜内部的局部"热岛"和凝露"死区"。

（3）智能控温除湿，设计开关柜控温除湿算法。系统设置内循环、外循环、除湿三大风机模块以及雾化和冷却模块，根据检测值智能触发启停外循环、除湿、冷却、雾化、内循环模块。主控制逻辑为：当柜内温度高于室外温度或系统设定值时，外循环风机启动，实现开关柜快速降温；当柜内湿度高于系统设定值时，除湿风机启动，对循环空气进行除湿；当柜内温度、湿度在设定范围内时，内循环风机间歇启动（每50 min启动一次，每次持续10 min），以保持柜内空气流动，破坏"凝露"及"热岛"的形成条件。

（4）实现装置的智能自检和远程通信控制。装置可内部采集现场温度、湿度、风机转速等参数，若系统出现故障，能迅速报警并快速定位故障位置。另外，根据运行工况，通过GPRS通信模块实现手机远程通信，以读取相关数据并进行远程参数设定、复归、启停等操作。

（5）装置可实现自动雾化清洗，综合节能率达60%以上。装置设计的除湿模块、空冷调温模块、空气净化模块和管道通风输送模块各自完全独立，可智能控制，并由系统总控、协调模块间的运行协作。除湿模块由除湿器、压缩机、变频离心风机、集风道和冷凝水槽于一体的封闭送风系统组成，与传统的防潮除湿设备相比，综合节能率达60%以上。

四、项目成效

1. 现场应用效果

经国网铜陵供电公司安全、技术部门批准后，该装置已于2017年7月在公司220 kV滨江变电站35 kV开关室、35 kV城关变电站10 kV开关室的开关柜综合整治工程中获得应用。如图1.24.2所示。

图1.24.2 城关变电站10 kV开关室应用现场

国网铜陵供电公司220 kV滨江变电站、35千伏城关变电站共计有39台开关柜（滨江变电站18台，城关变电站21台），受站址环境、气候条件等因素影响，两站39台开关柜长期受潮。因柜内绝缘件受潮、触头过热、机构弹簧位移等，多次出现凝露放电、触头盒局部损坏、弹簧机构故障等现象，严重威胁设备的安全运行。在应用变电站开关柜运行环境智能调控装置后，截至2018年10月，城关、滨江两站39

台开关柜在1年多的时间里故障率为0,试点应用效果显著。

2. 应用效益

(1) 运行环境管控高效节能

用集中控制代替分布式控制,多模式智能启停解决除湿、防凝露模式单一问题。温度与湿度检测单元布置在送风、回风口,动态检测温度与湿度参数,解决温度与湿度检测点少、分散、易损坏的问题,需维护的部件集中设置在主机处,不涉及停电,维护量小,耗能低。

(2) 设备故障率降低,安全效益显著

经统计,在改造前的2012~2016年,滨江、城关两站39台开关柜每年均有因绝缘件受潮引发的故障(故障跳闸、流变放电损坏、压变烧毁、绝缘件放电受损等),累计26台次,平均故障率为5.2台次/年,超声波检测局放平均值18.6 dB;改造后,39台开关柜运行1年多以来超声波局放检测平均值降为5.1 dB,同时绝缘件受潮故障率降为0。

(3) 设备停电时间减少带来的间接经济效益显著

由绝缘件受潮放电引发的故障恢复程序较多,涉及绝缘件、柜体、触头盒等部件的更换、维修,延误送电时间均在12 h以上。根据调度数据统计,滨江变电站共有出线柜4台($P=3.2$ MW×4),城关变电站有出线柜11台($P=0.7$ MW×11),考虑到以上2座变电站配电系统均为单母线分段接线,则每台开关柜故障影响范围减半,假设每台开关柜故障造成该段母线上所挂线路延误送电12 h,则年平均供电量损失为:$(3.2×4+0.7×11)÷2×5.2×12=63.96$万kWh,按居民电价0.5653元/kWh计算,改造后可增效36.16万元。

(4) 提高供电可靠性,品牌效益显著

应用变电站开关柜运行环境智能调控装置可减少开关柜设备的故障率,大大提高供电可靠性,为客户提供优质服务。

目前,变电站开关柜运行环境智能调控装置已通过产品认证,并在国网铜陵供电公司进行了试点应用。相对于广泛采用的传统分布式除湿模式(开关柜单体内安装加热器、小型抽湿机)和大环境除湿模式(开关室空调+除湿机),该系统装置除湿控温稳、准、快,节能环保,能够消除柜内潮气、灰尘、流动"死区"和"热岛",破坏凝露形成条件,实现开关柜内部运行环境的有效管控,解决受潮、凝露难题。

经过国家一级科技查新单位确认,国内外未见有关开关柜内部整体循环控制运行环境的装置及方法。该项目技术为国内外领先,目前已获得国家发明专利1

项、实用新型专利2项,发表论文1篇。

项目团队	圣才劳模创新工作室
项目成员	倪汇川　朱德亮　夏宗杰　李传江　申　磊　权运良　曾伟华　张　杰　王卫东

项目25
10~35 kV手车开关绝缘挡板电磁闭锁装置

国网宿州供电公司

一、研究目的

近年来,国内10~35 kV手车式高压开关柜在检修、试验中,因为开关柜绝缘挡板不能可靠闭锁导致了多起事故,严重威胁运维检修人员的人身安全。同时,在变电安全工作规程中明确要求:在检修手车开关时,要求高压开关柜内手车开关拉出后,隔离带电部位的挡板封闭后禁止开启,并设置"止步,高压危险!"标识牌。

为进一步加强高压开关柜工作安全管理,实现安全可控、能控、在控,杜绝人身伤亡事故,经过不断探索,项目组确定了通过在手车开关柜上加装一套闭锁装置使绝缘挡板能够更加可靠闭锁的思路,并展开了10~35 kV手车开关绝缘挡板电磁闭锁装置的研制。

二、研究成果

本装置通过行程开关可以确定手车开关本体的位置状态,当手车开关拉出开关仓后,整个电磁闭锁装置回路导通,可以确保绝缘挡板能够可靠闭锁,人为踩踏或者触碰均不会使绝缘挡板打开,能够避免检修人员在开关柜检修时因误碰绝缘挡板而引发触电事故。若分别对上、下绝缘挡板进行检修,可断开其一侧的空气开关,另一侧的绝缘挡板仍能可靠闭锁。同时本装置的信号单元可以反映其回路上的绝缘挡板的闭锁状态,给检修人员以直观判断,增加检修过程的安全系数。如图1.25.1所示。

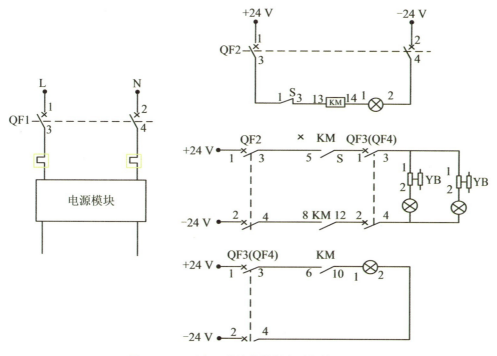

图 1.25.1　手车开关绝缘挡板电磁闭锁原理图

本电磁闭锁装置包括手车开关位置检测单元、控制单元、信号单元、供电单元。

（1）手车开关位置检测单元为行程开关，型号为 JW2A-11H/L，其安装在锁键的插入孔内，和锁键有效配合，用以检测手车开关本体的位置状态，将行程开关的机械位移变成电信号，传输给控制单元和信号单元，使整个电磁闭锁装置回路导通。如图 1.25.2 所示。

图 1.25.2　行程开关安装效果图

（2）控制单元为吸盘式电磁铁，其通电后产生强吸合力，大小为 600 N，控制绝缘挡板联动装置发生位移，使上、下绝缘挡板可靠封闭。如图 1.25.3 所示。

图 1.25.3　电磁铁安装效果图

（3）信号单元为指示灯，与控制单元串联，通过信号单元可以判断绝缘挡板的封闭状态。

（4）供电单元为交流 220 V 转直流 24 V 的电源模块，柜顶小母线取 220 V 交流电，再通过电源模块转化为 24 V 直流电。

三、创新点

本项目的主要创新点如下：

（1）采用的电磁铁为吸盘式电磁铁，吸合力为 600 N，当手车开关拉出开关仓后，即使误碰或者踩踏绝缘挡板及联动装置，绝缘挡板仍能够可靠封闭。

（2）安装方便，操作简单。在不改变开关柜功能的基础上增加绝缘挡板电磁闭锁装置，当手车开关拉出开关仓后，通过锁键产生位移带动行程开关动作，即可实现电磁闭锁回路导通，使绝缘挡板可靠闭锁。

四、项目成效

针对不同电压等级的开关柜，虽然每个间隔的改造费用大概在 1000 元，但是能够避免触电事故。安全效益是最大的经济效益和社会效益，因此，无论是从经济效益还是从社会效益分析，都能够充分体现此套闭锁装置的价值。此套装置目前已在 10 kV 和 35 kV 电压等级的手车开关柜上安装并成功试验。此套装置的工作原理也可以适用于更高电压等级的手车开关柜。目前,该项目已获得实用新型专利 1 项。

| 项目团队 | 韩军工作室 |

| 项目成员 | 韩 军　李绪东　满丽萍　李建勋　李 枫　胡峰玉　马高峰 |
| | 王心刚　岳 军　张 影 |

项目26
用于能量管理系统的设备信息模块

国网宿州供电公司

一、研究目的

随着电力行业的快速发展,网架结构不断完善,电网安全日趋重要。在电网的正常运行和事故处理过程中,各种设备参数,包括线路线径、长度、保护定值、CT变比等是调控人员的重要参考。原来一般通过纸质资料、电子文档查找数据,确定参数时间长,工作效率低下。通过在能量管理系统中开发设备信息模块,可缩短信息的查阅时间,解决信息查询烦琐费时的问题,提高信息的查询率与事故判断的准确度。在确保电网稳定运行的同时,提高供电可靠性。此外,通过使用信息模块,调控人员在日常巡视过程中不断查询、查看,还能够帮助记忆,便于更好地掌握设备信息。

综上所述,此模块的增加改进了调控数据的传统查询方式,提高了调控工作效率和判断与处理运行事故的准确度,对提升电网安全具有重大意义。

二、研究成果

本项目旨在提出一种通过增加设备信息查询模块的方法,利用现有的能量管理系统,实现对设备信息、参数、重要保护定值等数据的快速查询和实时掌握,有效减少人力消耗,提高工作效率。信息查询模块可移植性高,可在现有系统中直接添加嵌入。

能量管理系统设备信息模块的开发,主要包括信息收集、信息模块开发、信息模块添加、现场应用检查等。信息收集包括线路线径、长度、断路器型号、CT变比、保护定值等,要将原分散于各个系统、各个专业的信息收集完整,主要的难点在添加新开发的模块。信息模块开发要与现有的能量管理系统相匹配,不影响现有系统的安全稳定运行。新添加模块不宜过于复杂,应以实用为主。如图1.26.1所示。

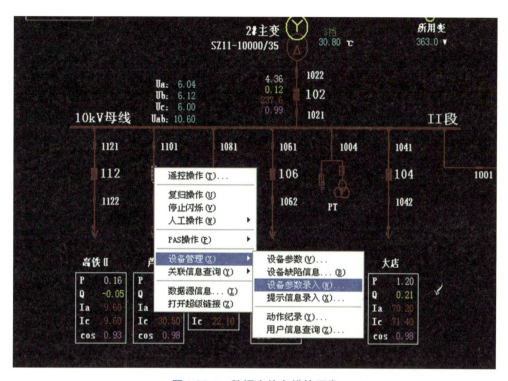

图1.26.1　数据库信息模块开发

三、创新点

本项目的主要创新点如下:

（1）采用与现有的能量管理系统相适应的一键式查询模块,不用增加新的系统,减少了工作量和开发成本,现场调控人员也不用开展新的培训。

（2）关键设备信息查询十分便捷,缩短了查阅时间,解决了信息查询烦琐的问题,优选的关键信息能够提供有力的辅助决策支持,保障了电网的安全运行,提高了供电可靠性。

（3）此模块设计简单,内容精炼实用,可移植性高,结合能量管理系统升级可直接添加。

四、项目成效

1. 现场应用效果

经国网宿州供电公司安全、技术部门批准后,公司试用了该设备信息模块。经调监工作验证,在事故处理、设备巡视等日常工作中,相关设备信息的一键式查询时间均在3 s以内。如图1.26.2所示。

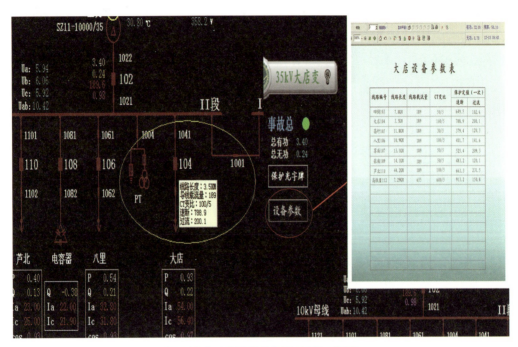

图1.26.2　设备信息模块的现场使用

2. 应用效益

(1)使用方便快捷,保障电网安全。增加了设备信息模块,解决了信息查询烦琐的问题,提高了信息的查询率与事故判断的准确度。确保了电网的稳定运行,提高了供电的可靠性。相比传统信息记忆及查询办法,有效地避免了各类安全风险。

(2)提高作业效率,缩短查询时间。经现场测试,传统的信息查询平均需要180 s,而新模块的平均查询时间不到3 s,可节约时间177 s。以10 kV线路故障处理为例,使用传统的查询办法,事故处理信息查询率为18.6%,查询时间为180 s;而使用设备信息模块,事故处理信息查询率为91.4%,查询时间为3 s,工作效率提升约12倍。

(3)增加经济效益,减少停电时间。使用该设备信息模块,故障处理时间平均节约0.5 min。以国网宿州市城郊供电公司为例,每年的故障处理按100次计算,至少增加供电时间 50 min，按平均负荷 100 MW 计算，每年可增加售电量 8.3 万 kWh。

项目团队	宿州城郊劳模工作室

项目成员	李少杰　姬宿东　梁爱国　聂　琳　崔丹丹　赵永明　王　浩
	王家琪　李　楚　周紫瑞

项目 27
一种开关柜母线接地装置

国网宣城供电公司

一、研究目的

随着电力行业和技术的不断发展,35 kV 及 10 kV 配电装置普遍采用封闭式开关柜。当开关柜柜内母线要转检修时,一般采用专用母线接地手车作为接地装置,由操作人员将其推入压变仓中完成开关柜母线接地操作。然而,对于一些投运年代比较久的变电站,现场并未配备相应的开关柜接地手车,此类开关柜母线转检修操作时,一般在验明母线确无电压后,由操作人员打开开关柜侧面仓门并悬挂接地线。此方法虽然可完成母线接地操作,但操作复杂,且存在以下弊端:

(1)母排一般处于金属封闭的开关柜中,母排外部包裹着绝缘皮,钳口式接地线不一定能够很好地接触母线。

(2)操作人员须要在开关柜侧面打开柜体,操作不方便,耗时久,安全风险较大。

此外,由于开关柜厂家较多,开关柜结构复杂多样,要各站都补充配备相应的接地手车并不现实。为解决此问题,项目组决定研发开关柜母线专用接地装置,实现在未配备接地手车的情况下,操作人员仍可以安全、可靠、高效地完成开关柜母线接地操作。

二、研究成果

本项目旨在利用开关柜柜内母线静触头作为接地装置的安装点,从而实现开关柜母线接地。本装置主要包括导体端、绝缘棒、接地线。

其中导体端为筒状结构,分为外支撑筒和内触头,外支撑筒与静触头外部的绝缘筒切合,内触头与静触头接触;内触头近似L形,底部设计有长方形螺孔,外支撑筒底部有1个与之匹配的长方形螺孔,内触头、外支承筒、接地线通过长方形螺孔和螺栓固定;内触头顶部设有圆形螺孔,通过长螺柱固定,螺栓两端垫上弹性垫片,提供1个指向圆心的压力,以便夹紧静触头。螺栓与绝缘棒中的L槽结合,实现导体端与静触头的结合分离。导体端与接地线相连,通过绝缘棒将导体端插入开关柜中并接触静触头,实现母线接地。如图1.27.1所示。

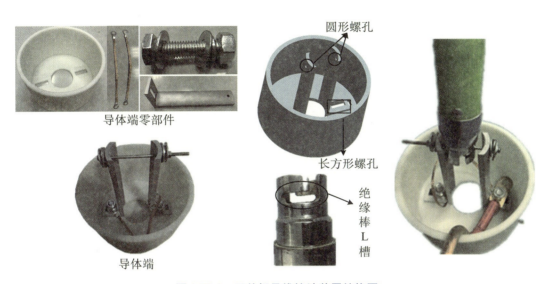

图 1.27.1　开关柜母线接地装置结构图

三、创新点

本项目的主要创新点如下:

(1)导体端中的内触头采用可分离的夹片形式,能够夹持住母线静触头,同时外筒具有保护支撑功能,在有效接地的同时,能够最大限度地保护电力设备不受到损害。

(2)导体端中的内触头尺寸可变,适用不同厂家的开关柜,通用性强,极具推广价值。

(3)采用导体端和绝缘棒分离式结构,减少了设备的占用空间,方便工作人员操作,装置使用灵活、便利。

四、项目成效

1. 现场应用效果

经国网宣城供电公司安全、技术部门批准后,2017年11月,在宁国变电站35 kV开关室改造期间,利用拆除下来的开关柜进行试验,采用本装置实现开关柜母线接地的平均时间为11.86 min。

2. 应用效益

(1) 安全效益

本装置的应用大大缩短了开关柜母线接地的操作时间,极大地提高了工作效率,同时降低了工作人员的劳动强度,消除了安全隐患,为工作人员提供了充足的检修时间,确保检修工作能够在规定时间内有条不紊地进行,更好地保障工作人员的人身安全。

(2) 经济效益

2017年11月,宁国变电站35 kV Ⅰ段母线转检修操作采用本装置实现开关柜母线接地。本次检修操作减少停电时间89 min,增加输电量38566.67 kWh,35 kV电价按0.7458元/kWh计算,共计创造经济效益28763.02元。

(3) 社会效益

本装置提高了供电连续性和可靠性,消除了现场操作的安全隐患,保障了工作人员的人身安全,塑造了良好的公司形象,具有推广价值。目前该装置已获得国家发明专利1项、实用新型专利1项。

项目团队 王文创新工作室

项目成员 王 文　王献礼　王守长　张 永　邱宏瑜　汪成鹏　杨春霞　王小三　王 璐　戴佳宁

项目 28
倒闸操作智能移动作业 APP

国网芜湖供电公司

一、研究目的

倒闸操作是通过改变电气设备状态来提高供电可靠性的一种操作。传统工作模式是使用纸质操作票手填执行及闭环,整个过程只能依靠人工监管,因此存在以下问题:

（1）操作效率低。在操作过程中,逐项计时、录音、回填归档等机械性工作占用大量时间。

（2）安全管控难。操作现场日益增多,仅靠人工监管,手段单一,操作过程无法从根本上进行规范和管控。

（3）辅助手段少。设备类型日趋多样,海量的操作说明仅靠人脑记忆难以全面掌握,误操作风险较高。

二、研究成果

在国网公司建设智能运检体系的时代背景下,本项目针对变电倒闸操作的行业难点,结合"互联网＋"、人工智能等新兴技术,在国内首创了基于PMS系统的倒闸操作智能移动作业APP。首先,通过内、外网信息安全接入平台,实时通信,实现操作票一键自动记录、上传及闭环;其次,应用人脸识别、图像识别、语音识别等技术实现操作过程智能管控;最后,建立操作说明数据库,与关键操作项进行关联,智能推送给操作人员。如图1.28.1所示。

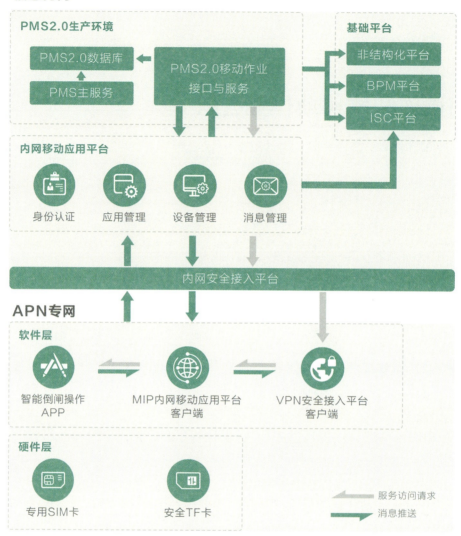

图 1.28.1 倒闸操作智能移动作业网络图

三、创新点

本项目的主要创新点如下：

1. 自动化作业——操作模式由手动变自动

建立了内、外网信息实时交互的倒闸操作移动作业应用，操作信息与 PMS 系统实时互联，实现操作票全过程一键自动记录、上传和闭环，形成了安全、便捷、高效的移动作业操作模式，解决了传统纸质操作票作业模式下重复性、机械性工作量大的问题，大幅地提高了工作效率。如图 1.28.2 所示。

图1.28.2 倒闸操作自动化作业

2. 程序化管控——管控模式由人控变机控

建立了以人工智能技术为核心的程序化管控模式,强化作业现场精准管控。人脸识别管控人员操作权限;视频连线实时监督人员行为是否规范;逻辑校验检查票面信息是否填写完整,强制按票顺序执行;实现设备标牌、实物ID、操作语音三重识别,与当前操作项关键词进行比对,防止误入带电间隔。

3. 智能化推送——辅助模式由人工变智能

建立了以文字识别技术为手段的辅助操作模式,操作中检索关键操作项,识别"拉开""整定""定值"等典型操作语言,并与数据库进行匹配,实现风险预控措施与设备操作说明的智能弹窗预警,解决传统辅助模式下记忆难、操作繁的问题,保障倒闸操作安全。

四、项目成效

1. 现场应用效果

公司组织运检、安监、变电三个部门召开多次会议进行研讨,全面分析运维人员需求,确定了系统的初步框架和移动作业的开展流程,在试运行期间,现场倒闸操作使用移动终端进行,纸质操作票作为核对正确性的辅助手段,在操作前后分别将移动终端操作票信息与纸质操作票信息进行核对。如图1.28.3所示。

图1.28.3　现场应用效果

2. 应用效益

（1）提高工作效率

在纸质票作业模式下，平均执行1份操作票全流程需要2人×1.5 h/人；移动作业模式下，平均执行1份操作票仅需2人×0.8 h/人，每次操作可节省1.4个工时。经估算，该项目成果推广至整个国网安徽省电力有限公司后，每年可节省约120000个工时，提升工作效率近1倍。

（2）经济效益

对于单电源10 kV用户线路，该项目成果不仅能提高工作效率还能减少电量损失。经统计，移动作业模式下，平均可减少10 kV线路操作时间约16 min，单次操作可增加经济效益约735元。经估算，国网安徽省电力有限公司每年可因此增加经济效益200余万元。

（3）安全效益

该项目成果解决了人为管控手段单一的问题，实现倒闸操作精准管控。同时，通过减少停、送电操作时间，可以保障施工、检修人员的有效作业时间，减少赶工期带来的安全隐患。

（4）社会效益

该项目成果缩短了停、送电操作时间，避免了因操作时间过长造成的电量损失，提高了供电可靠性，树立了良好的公司形象。

（5）推广应用价值

该项目成果适用于国网公司范围内的变电倒闸作业，目前已通过国网公司信息安全测试，在国网公司移动应用平台上线，在国网安徽检修公司、国网安徽电力16家地市公司及72家县公司全面推广应用。

该项目成果为国内首创，目前已获得国家发明专利1项、软件著作权1项，在国家级期刊发表论文3篇。通过国网公司信息安全测试，该项目成果已在国网公司移动应用平台上线，并于2018年荣获国家电网公司第四届青年创新创意大赛银奖。

项目团队 国网芜湖供电公司变电运维科技攻关团队

项目成员 汪　晨　侯劲松　田　宇　柯艳国　尹元亚　宫改花　余嘉文　付广远　鲁晓玲　周　昌　康　宁

配 电 篇

项目1
节能型配网绿色发展新模式

国网安徽经研院

一、研究目的

随着以分布式光伏发电为主的直流电源和以电动汽车、变频电器等节能设备为主的直流负荷的井喷式发展,仍以传统交流模式接入的配电网存在以下问题:

(1)交直流多次转换增加了设备功率损耗,光伏发电量不大,能源转换效率低。

(2)分布式光伏发电就地消纳能力不足,大量功率倒送,网损增加、电能质量恶化。

(3)分布式光伏发电的间歇性、波动性增加了电网调频、调峰压力,供电可靠性降低。

综上所述,为有效地解决高渗透率分布式电源和多元化负荷接入配电网所带来的新能源消纳困难、能源利用率低等问题,借助直流微电网高供电可靠性、高电能质量、高效接纳分布式电源的天然优势,借助直流微电网工程的示范应用,探索构建绿色高效、节能优质的配网发展新模式,具有重大意义。

二、研究成果

本项目在国网安徽省电力有限公司范围内首次搭建直流微电网系统,系统含250 kWh的混合储能系统2套、直流充电桩20套,配套相应的保护、测控和能量管理系统(图2.1.1),并取得了如下成果:

(1)创建节能环保供电模式,打造电网绿肺,大幅提升分布式电源就地消纳能

力和能源转换效率,有效地避免了电能质量问题,供电可靠性达99.992%;

(2) 引进安全稳定并网技术,持续光能转换,有效抑制电网频率和电压的快速波动,保障电网安全稳定运行。

(3) 运用高效、低损控制方式,促进光合作用,有效提升分布式光伏发电量,实现综合能源利用效率最大化。

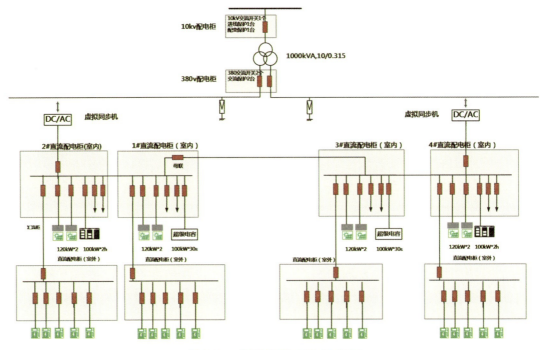

图2.1.1　直流微电网系统结构图

三、创新点

本项目的主要创新点如下:

1. 由"低"变"高"

国内首次采用直流微电网供电模式替代传统交流供电,使分布式电源并网由"DC/DC+DC/AC"转为"DC/DC",取消了"DC/AC"变换环节,提高了能源转换效率,减轻了能源动力系统对环境的影响,有效避免了无功补偿和高次谐波污染,满足了用户高质量用电需求。

2. 由"随机"变"可控"

首次在直流微电网并网点引入虚拟同步机技术,替代传统的"DC/AC"变换环节,使分布式电源发电由"随机不可控"转为"协调统一控制",实现了并网点输出特性由"离散"转为"连续",有效抑制电网频率和电压的快速波动,主动增强对电网的动态支撑,保障电网安全稳定运行,提升微电网接入友好性。

3. 由"粗放"变"精细"

光伏直流接入系统采用多路串式MPPT(最大功率点跟踪控制器)替代传统的单路串式形式,使最大功率跟踪点由"单点粗放"转为"多点精细",有效地提升了分布式光伏发电量,减少了接入系统损耗,提高了系统配置灵活性。

4. 由"集中"变"分布"

直流微电网采用层次化协调控制技术代替传统的集中控制,实现网内"源、网、荷、储"协调控制和网内能源综合利用效率的最大化,提高供电可靠性。

四、项目成效

1. 现场应用效果

目前,项目已完成直流微电网系统建设及项目验收,通过引入先进技术装备和先进控制手段,实现了网内"源、网、荷、储"的协调优化运行和电网调峰、调频的动态支撑。如图2.1.2所示。

2. 应用效益

(1) 能源效益

采用直流微电网技术使能源综合利用效率提高约5%。借助多路小功率直流变换环节,实现光伏发电的MPPT功能和效率双重提升,光伏发电的最大效率达到99.3%,MPPT效率达到99.5%,大幅提升了分布式光伏发电的就地消纳比例。

(2) 经济效益

直流微电网实现可再生能源的就地消纳,减少能源外送带来的线损,并可以节省与之相连的配电网投资,通过源端的高效转换减少电能变换的损失,体现在节约成本、增加企业收入两个方面,预计经济效益可达3041万元。

(3) 社会效益

直流微电网采用最新的技术手段和控制思路,响应了国家绿色发展的号召,在节能减排、降低发电企业投资上具有很大的潜力。

(a) 现场设备应用情况　　　　　　　　(b) 现场运行情况调研

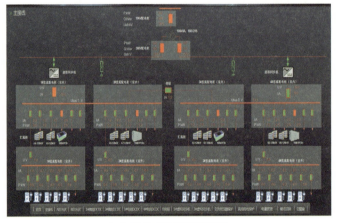

(c) 系统实时运行情况

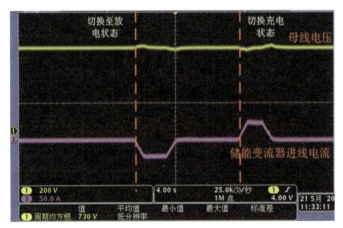

(d) 离网运行模式下的系统响应过程

图 2.1.2　现场应用效果图

| 项目团队 | 电力光合效应青创团队 |

| 项目成员 | 荣秀婷　郝　雨　张　辉　凌　松　吴廷峰　马燕如 |

项目2
便携式一体化架空配电线路带电接火自动装置

国网安徽电科院

一、研究目的

10 kV架空线路带电作业是一项技术难度高、劳动强度大、安全风险高的工作，同时也是保证配网供电可靠性的重要手段之一，其中10 kV带电接火（带电接引流线）工作乃是重中之重，其在日常带电作业项目中占比高达50%左右，可以说解决好了带电接火工作，就能更好地推进带电检修工作。

在架空配电线路不停电作业中，绝缘杆作业法的安全性要普遍高于绝缘手套作业法。因此，国内外都在积极研究、推进依托绝缘杆的间接作业法开展架空配电线路不停电作业，以提高作业安全性。目前，绝缘杆作业法使用的仍是传统的绝缘杆操作工具和部分自制工具，这些工具均存在功能单一、操作不便的缺点，完成一项带电作业往往需要多人、多根绝缘杆同时配合使用，作业过程如同在杆上"穿针引线"，劳动强度大，对作业人员的熟练度要求高，工作效率低，难以开展细致、复杂的作业，工艺质量也很难保证，大大地限制了绝缘杆作业法的推广应用。因此提升带电接火绝缘杆工具的功能和自动化水平，研发作业方便、自动灵巧、能安全可靠地带电接火的绝缘杆操作工具十分必要。

二、研究成果

本项目以单人、单操作杆完成带电接火作业为目标，将带电接火作业过程中的线夹夹持、副（支）导线的锁定、主导线的捕获、线夹双螺栓的紧固、多个夹持与锁定机构的远程解锁等作业步骤集中在一体化、灵巧的带电接火自动装置上完成，接火的工艺质量由装置的限位机构和同步紧固技术来保证,大幅降低作业难度和强度,提升安全裕度,避免发生因作业人员操作不到位导致的工艺质量问题。如图2.2.1、图2.2.2所示。项目主要研究成果有:

(1) 研发了线夹夹持技术,解决了线夹简单、快速固定夹持的问题。

(2) 提出了主、副(支)导线快速捕获与锁定技术,解决了副线柔性锁定和主导线安全距离外带电捕获并锁定的难题,使主、副导线固定于穿刺线夹对应的刺齿中心处,有效地保证了带电接火的工艺质量。

(3) 首创了小轴距、大扭矩双轴同步紧固技术,解决了线夹双螺栓带电快速同步紧固问题,避免了传统人工异步紧固易导致的线夹歪穿、穿刺不到位、通流容量不足等问题。

(4) 设计了电动遥控和手动应急解锁技术,解决了安全距离外多锁定机构电动遥控和应急手动同步解锁、装置快速安全脱离带电区域的问题。

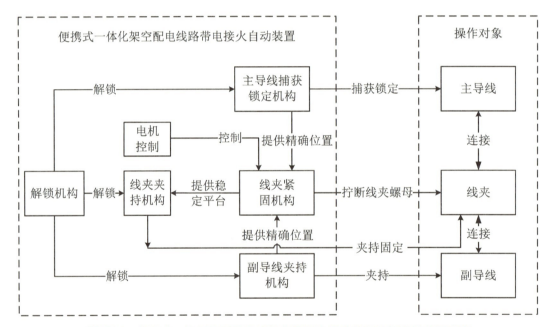

图2.2.1 便携式一体化架空配电线路带电接火自动装置结构及操作原理图

图2.2.2 便携式一体化架空配电线路带电接火自动装置

三、创新点

本项目的主要创新点如下:

1. 独创小间距、大扭矩双轴同步紧固技术

① 在国内外首次采用了单冲击块、双输出轴的设计方案,从原理上严格保证了双轴始终同步旋转和受力均匀,有效避免了两个螺母异步安装易导致的刺齿歪穿、穿刺不到位、通流容量不满足要求等问题;② 采用输出轴轴向长度紧凑设计,通过锥面齿轮实现直角传动,输出轴轴向长度仅 70 mm,省去或简化了复杂的绝缘遮蔽过程;③ 创新性地采用输出轴可调轴距设计,实现了双输出轴轴间距可在 22～33 mm 内调整,实现了轴距的可靠锁定,增强了装置对不同型号线夹的适配性。

2. 提出线夹、主(副)导线的快速夹持、锁定技术

① 线夹快速夹持机构实现线夹的快速、准确定位和有效夹紧;② 主导线捕获锁定机构提出了双 V 型捕获导向槽及锁舌式自锁技术,实现了主导线盲锁定,解决了高空条件下远距离捕捉并锁定主导线的难题;③ 副导线柔性夹持机构将引线柔性锁定,化解了在上举过程中因副导线角度位置变化而产生的扭转力和牵扯力,导轨式设计解决了副导线在线夹紧固过程中产生的横向位移,确保副导线始终处于线夹中心,保证了线夹的安装精度和质量。

3. 采用一体化与轻量化设计技术

① 采用一体化、模块化设计思路,实现线夹、主(副)导线定位、夹紧、锁定、解锁控制功能的一体化集成,简化了作业流程。② 采用轻量化设计技术,通过减少绝缘杆数量,优化结构设计,装置整体质量在 3 kg 左右。③ 设计遥控同步解锁和手动应急解锁技术,解决了复杂空间、多点锁定机构、强干扰下的解锁难题,使装置能快速地安全地脱离带电区域。

四、项目成效

项目组发表期刊论文 3 篇,起草企业标准 1 项,该装置已获得国家发明专利 2 项、实用新型专利 6 项,先后获得 2016 年度国网运检业务群众创新实践活动优秀成果二等奖、2017 年度国网安徽省电力有限公司技术发明一等奖、2018 年度国网公司科技进步二等奖、2018 年度全国电力职工技术成果一等奖。

该装置自 2016 年 6 月起在国网蚌埠、芜湖等公司开展现场试应用,应用结果表明:与传统绝缘杆工器具相比,使用该装置可将杆上作业人员由 2 人减少为 1 人,绝

缘杆数量由3根以上减少为1根,平均作业时长由60 min降为20 min,同步安装的绝缘穿刺线夹无一例发生故障,如表2.2.1所示。装置通过型式试验,并取得了安徽省新产品认证,中电联鉴定结论为:"项目成果总体技术达到国际先进水平,其中小间距、大扭矩双轴同步紧固技术达到国际领先水平"。

表2.2.1 经济效益计算表

本装置作业法		传统绝缘杆作业法		绝缘手套作业法	
人力成本（万元）	装置折损、试验费用折算、耗材成本（万元）	人力成本（万元）	工具折损、试验费用折算、耗材成本（万元）	人力成本（万元）	车辆工具折损、试验费用折算、耗材油料成本（万元）
0.08	0.05	0.12	0.08	0.12	0.20
本装置作业法					
2016~2017年	配置费用（万元）	作业次数	多供电量收益[1]（万元）	节省成本[2]（万元）	节支总额[3]（万元）
合计	455.00	12072	1129.07	2206.92	2880.99

注:1. 多供电量收益 $=\sqrt{3}\times 10\ kV\times 100\ A\times 0.9\times 3\ h\times 0.2$ 元$/kWh\times$ 作业次数 $\div 10000$;
2. 节省成本 = 减少普通绝缘杆法次数 $\times$ (C+D) + 减少绝缘手套法次数 $\times$ (E+F) - 总次数 $\times$ (A+B);
3. 节支总额 = 多供电量收益 + 节省成本 - 购置成本。

国网安徽电科院与安徽南瑞继远电网技术有限公司签署专利实施许可合同,开展产业化工作。目前,装置已成功上线国网电商化采购平台(物料编码:500022985),累计销售100余套,完成在国网安徽电力88个市、县供电公司的推广应用,并在福建、天津、山西、四川等省外系统用户中得到应用。

从2016年6月至2017年12月,国网安徽省电力有限公司共开展带电接火现场应用12072次,应用前绝缘杆作业法占比为6%,应用后减少传统绝缘杆法作业724次,减少绝缘手套法作业11348次,多供电量收益1129.07万元,减少成本支出2206.92万元,扣除购置成本455万元,实现经济效益2880.99万元。

项目团队 峰云劳模创新工作室

项目成员 冯　玉　吴少雷　陆　巍　吴　凯　赵　成　史　亮　王　明
　　　　　骆　晨

项目3
配网带电作业隔离防护墙

国网蚌埠供电公司

一、研究目的

国网蚌埠供电公司配电运检室配电带电作业班负责全市的配网带电作业,带电更换跌落式熔断器作为常态化项目,每年约有320次。

公司配网带电作业现行采用的是绝缘手套作业法,以绝缘斗臂车为作业平台,作业人员身穿绝缘披肩、手戴绝缘手套,辅以绝缘毯、导线遮蔽罩等绝缘遮蔽用具开展带电作业。带电更换熔断器常需近2h,绝缘披肩和绝缘手套不透风、不透气,舒适性差,人员体力消耗大,且熔断器故障在迎峰度夏期间发生较多,高温下作业劳动强度大,作业人员在带电区域停留时间长,安全风险大。因此,如何缩短带电作业时间、减小劳动强度、提高作业安全性就成为一项重要课题。

综上所述,研制配网带电作业隔离防护墙,以取代现有遮蔽操作方式,在确保作业安全的前提下,有效减少作业时间和劳动强度。

（1）有效缩短作业时间,带电作业人员使用配网带电作业隔离防护墙,可以对其他带电体进行整体隔离,减少遮蔽步骤,缩短绝缘遮蔽和拆除遮蔽时间,从而减少作业时间。

（2）提高作业安全可靠性。

二、研究成果

传统的绝缘遮蔽用具存在使用步骤多、用时长、风险大的缺点。为解决这些问题,项目组研制了配网带电作业隔离防护墙。该工具分为固定滑轨装置、绝缘隔离挡板、滑动支撑装置3个模块。固定滑轨装置采用J型固定螺栓,把整个滑轨固定在绝缘斗上。通过绝缘隔离挡板对人员动作幅度进行控制。滑动支撑装置通过自身的滑动、旋转、固定等功能,连接固定滑轨装置和绝缘隔离挡板,实现不同位置、不同角度的绝缘隔离。如图2.3.1～图2.3.3所示。固定滑轨装置可以实现配网带电作业隔离防护墙与绝缘斗的结合,应稳定性好、硬度大、自身光滑性比较强。固定滑轨装置的设计可分为滑轨材质、滑轨固定、滑轨轨道设计选择3个部分。

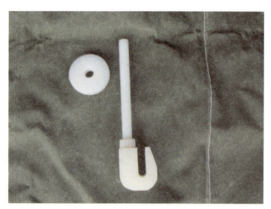 

图2.3.1　J型固定螺栓

图2.3.2　绝缘隔离挡板

图 2.3.3　滑动支撑装置

三、创新点

本项目的主要创新点如下:

(1) 将绝缘隔离挡板固定安装在绝缘斗上,实现对作业人员的实时遮蔽。根据带电作业遮蔽安全要求,作业中要首先保障人身安全,因此只要能对人员实现实时遮蔽,就能保障作业安全。该工具安装在绝缘斗上,随绝缘斗移动,有效地提高了作业安全性。

(2) 充分利用绝缘隔离挡板非接触式、大范围遮蔽的优点,采用绝缘斗来承担其重量,其随绝缘斗一起移动,消除了其重量大、携带及操作不便的缺点。

四、项目成效

1. 经济效益

采用新研制的配网带电作业隔离防护墙后,从 3 个方面显著地提高了经济效益:① 简化了遮蔽步骤,减轻了劳动强度,缩短了作业时间;② 缩短了该熔断器所保护的配电变压器的停电时间,增加了供电量;③ 实现了带电隔离防护用品的国产化,降低了配网带电隔离防护用具的使用成本。2017年9～11月,公司共计开展了64次带电更换熔断器作业,并对相关情况进行了统计,结果如表2.3.1所示。

表2.3.1　64次带电更换熔断器情况统计表

序号	日期	地址	工作内容	变压器容量	实际作业时间/h	减少停电时间/h	多供电量/kWh
1	9月20日	10 kV西张18线15#塔(同杆10 kV西长04线)	带电更换A相熔断器	400 kVA	0.92	0.90	256.5
2	9月21日	10 kV工胜03线04分03支02#杆(同杆10 kV张长10线路)	带电更换B相熔断器	315 kVA	0.96	0.86	193.02
3	9月23日	10 kV长张12线05#杆(同杆10 kV长龙25线、10 kV长龙23线路、10 kV长张21线路)	带电更换A相熔断器	315 kVA	1.03	0.79	177.30
4	9月23日	10 kV长张16线21#杆	带电更换A相熔断器	400 kVA	0.93	0.89	253.65
……	……	……	……	……	……	……	……
60	11月20日	10 kV治治14线60#杆	带电更换C相熔断器	500 kVA	0.89	0.93	331.31
61	11月20日	10 kV青治25线03分01#杆	带电更换A相熔断器	400 kVA	0.9	0.92	262.2
62	11月21日	10 kV蚌治05线27#杆(同杆10 kV蚌治06线)	带电更换A相熔断器	400 kVA	0.98	0.84	239.40
63	11月21日	10 kV龙龙15线08#杆(同杆10 kV龙龙16线)	带电更换A相熔断器	400 kVA	0.88	0.94	267.9
64	11月24日	10 kV龙蚌18线11#杆(同杆10 kV龙蚌13线)	带电更换C相熔断器	315 kVA	0.91	0.91	204.24
总计减少停电时间60.33 h,多供电量17632.43 kWh							

在带电更换熔断器项目中,采用原遮蔽方法需绝缘毯4张、绝缘导线遮蔽罩4个,现仅需1张绝缘毯和1套配网带电作业隔离防护墙装置即可,节省了3张绝缘毯及4个绝缘导线遮蔽罩。如表2.3.2所示。

表2.3.2 绝缘毯、绝缘导线遮蔽罩型号、报价表

序号	名称	型号	报价
1	绝缘毯	YS241-01-04 尺寸:(800 mm×1000 mm)	1800元
2	绝缘导线遮蔽罩	OR125-45C 尺寸:(1372 mm)	2200元

从现场的实施情况来看,64次带电作业完全符合安全要求。与原作业方法相比,节省了大量的人力、物力、财力,产生了良好的经济效益:

$$经济效益=节约的时间\times 工时费\times 人数+多供电量\times 电价\\+节省的绝缘工具购置费用-(创新活动费+工具费用)$$

将两表中的相关数据代入公式,可增加经济效益约30706元。

2. 安全效益

(1)缩短了人员在带电区域的停留时间,提高了安全性。

(2)改变了原有绝缘隔离工具的设置方式,在绝缘斗内旋转绝缘隔离挡板即可实现对其他带电设备的整体绝缘遮蔽,不用直接接触设备,降低了碰触其他带电设备的可能性,提高了作业安全性。

(3)可有效地控制作业人员的动作幅度,将作业人员与周围带电体有效隔离。

3. 社会效益

该工具能有效地缩短作业时间,减少相应配电变压器的停电时间,提高供电可靠性,为企业、社会创造可观的效益。

项目团队 詹斌劳模工作室

项目成员 詹 斌 陈 诚 于春廷 刘海洋 王 平 张 翔 朱伟强
陈 斌

项目4
10 kV ZW32型柱上断路器吊装工具

国网亳州供电公司

一、研究目的

随着智能配网建设的开展,根据省、市公司对10 kV线路分段数的要求以及降低线路跳闸率、提高供电可靠性的实际需要,国网亳州供电公司每年均需安装一定数量的柱上断路器。目前,柱上断路器安装方式一般采用吊车吊装或滑轮吊装,但两种吊装方式均存在一定的弊端,主要表现在以下几个方面:

(1)使用吊车安装柱上断路器虽然操作简单、效率较高,但安装费用较高,且安装定额取费标准低,导致入不敷出;吊车受地形限制,在胡同、窄巷、山地、农田等机械不能进入的场地无法使用;安装控制难度较大,柱上断路器在安装过程中严禁磕碰,对吊装精度要求较高,尤其在靠近螺栓安装处控制难度最大,安装质量受吊车司机水平限制,甚至发生过柱上断路器与电杆磕碰致断路器损坏;吊车安装危险系数高,作业时应增加监护人数量。

(2)蒙城县位处皖北平原地区,人口居住较为分散,多数农村10 kV配电线路穿越农田,而皖北地区普遍种植玉米和冬小麦,青苗期比较长,给吊车吊装柱上断路器带来极大不便。

(3)无法采用吊车吊装的地点一般在杆顶固定滑轮、杆根固定滑轮,使用人力吊装断路器。这种滑轮吊装方式需要人力较多,断路器和电杆易发生磕碰,从而损坏断路器。此外,拉升过程对杆基影响大,安全风险较高。

为了有效解决上述柱上断路器安装过程中存在的问题,提高工作效率,研制一种新型的柱上断路器吊装工具成为当务之急。

二、研究成果

本项目研发出一种电力线路柱上断路器吊装工具,工具为分体式结构,包括吊绳、固定于线路柱上部的吊装机构和固定于线路柱下部的动力机构。吊装机构为分体式结构,包括固定轴和旋转吊臂,固定轴竖直且连接端朝上固定在线路柱上部,旋转吊臂通过一端可旋转的套筒套接在固定轴连接端上,旋转吊臂与套筒轴线的夹角为锐角,沿旋转吊臂的长度方向上设置有第一滑轮,吊绳一端连接至动力机构,另一端经过第一滑轮与断路器连接。如图2.4.1、图2.4.2所示。

动力机构包括固定在线路柱下部的固定支架和设置在固定支架上表面的手摇绞盘。固定支架上表面还设置有第二滑轮,第二滑轮、手摇绞盘的径线在同一平面,吊绳一端经过第二滑轮与手摇绞盘连接。

固定支架为侧面设置有通孔的方形钢管,方形钢管通过U型抱箍与通孔配合,水平固定在线路柱下部。

固定轴非连接端焊接有M型垫铁,固定轴通过U型抱箍与M型垫铁配合,固定在线路柱上部。方形钢管与线路柱接触的位置焊接有M型垫铁。手摇绞盘为双向自锁式手摇绞盘。

作业时,先将吊装机构、动力机构分别安装、固定在线路柱的上、下部,将断路器与吊绳连接好,通过手摇绞盘带动断路器上升至相应位置,通过旋转吊臂将断路器平移至安装位置进行固定。

图2.4.1 绞盘固定支架

图2.4.2 吊装支架组装图

三、创新点

本项目的主要创新点如下:

(1) 通过第一滑轮、第二滑轮上的吊绳牵引实现断路器的纵向升降,通过旋转吊臂可以实现断路器的横向移动,从而让电力线路柱上断路器的安装工作省时、省力。

(2) 由于旋转吊臂和套筒轴线的夹角为锐角,使得柱上断路器在提升过程中偏离线路柱一定距离,避免柱上断路器在安装过程中受到损伤。

(3) 通过将吊装机构、动力机构分别安装、固定在线路柱的上、下部,使操作人员始终位于安全位置,有效提高了提升过程的安全性。

(4) 通过采用手摇绞盘可以有效减少作业人员数量,降低劳动强度。

(5) 本吊装工具为分体式结构,体积小巧、便于收纳和携带,同时安装方便。

四、项目成效

1. 现场应用效果

2018年5月30日,10 kV马庙05线68#杆需安装柱上断路器。

现场勘察情况为:马庙05线68#杆为12 m T接杆,梢径190 mm。

结合工作计划安排,决定对10 kV线路ZW32型柱上断路器吊装工具进行现场试用,并提前报公司安质部备案,邀请安质部主任参与试用。试用现场如图2.4.3所示。

图2.4.3 试用现场

经测试,使用该吊装工具安装柱上断路器,安装时间0.7 h,安装工时4.2个,小于4.5个工时的目标设定值,达到预期效果。使用该吊装工具不仅使施工更安全,人员省时、省力,还有效地避免了断路器在安装过程中因磕碰电杆而受损并造成故障。

2. 应用效益

(1) 安全效益

在柱上断路器吊装施工中,通过使用该吊装工具可让杆下操作人员远离断路器坠落半径,同时避免断路器因磕碰电杆而受损,确保了人身、设备安全。

(2) 经济效益

安装1台柱上断路器,如果按原来的施工作业方法,需7人7个工时;按现在的工作方法,只需5人,计3.995个工时,共节省3.005个工时。每个工时按30元计算,每安装1台柱上断路器可节省90.15元。

按一般县域10 kV线路平均供电量556 kWh计算,使用该吊装工具可节省0.25 h,多输送电量139 kWh,电价按0.52元/kWh计算,每次作业可增收72.28元。以2017年采用该吊装工具安装柱上断路器52台计算,共计节约资金8446.36元。按公司平均每年安装柱上断路器200台测算,该项目推广至全省的话,每年可节约资金约285.88万元。

(3) 社会效益

通过10 kV线路ZW32型柱上断路器吊装工具的应用,使柱上断路器在安装过程中减少了对农田、青苗的破坏,降低了对环境的负面影响,缩短了用户停电时间,体现了国网亳州供电公司的社会责任意识,提升了公司形象。

项目团队	刘宏伟创新工作室
项目成员	陈 彬　姬建富　王 健　刘宏伟　邓子文　童守国　陈天骄 孟 欣　曹 扬　刘 利

项目 5
配网巡检拍录器

国网池州供电公司

一、研究目的

供电可靠性是衡量供电系统电能质量的重要指标,这不仅和电力系统的网架建设、设备运行状况有关,更和电网运维管理水平有关。通过配网设备巡视与检查,掌握配网设备的运行状况,及时发现设备缺陷,制订相应的停电检修计划,能够有效地防止缺陷的进一步发展。常见的配电网设备巡视检查包括变压器、断路器、避雷器、跌落式熔断器、并沟线夹等。2017 年国网青阳供电公司一年的检修、抢修记录显示,消除变压器缺陷占一年抢修记录的 15%,如柱上变压器油位突降、低压瓷套管裂纹、并沟线夹过热、箱变低压出线母排桩头漏油、肘型电缆头安装未到位过热等。但是上述缺陷在检修记录中占比往往都很小,这就说明在日常的巡视中较少发现这些缺陷。

综上所述,需要研发一种可以带电巡视、长度可调、角度任意的巡视工具来巡检人无法触及、难以看到、角度受限的区域,解决因距离远、有遮挡物导致变压器等设备无法正常巡视的问题。这对消除巡视安全隐患,提高作业舒适度和作业效率,具有重大意义。

二、研究成果

本项目旨在制作一种使用绝缘杆配合摄像头来进行巡检的手持设备。考虑到设备遮挡、距离较远、带电不能巡检等问题,采用"绝缘杆+摄像头+无线通信模块+手机 APP 配合"能够有效地解决距离远的问题,同时保证巡检时人体与带电设备之间的安全距离；采用万向弯头可以解决设备遮挡、视角差的问题；采用电池模块可以解决巡检工作中的电力续航问题。原理清晰明了，操作简单实用。如图 2.5.1～图 2.5.3 所示。

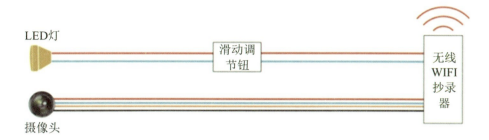

图 2.5.1　配网巡检拍录器原理图

图 2.5.2　塑料万向绝缘管图

图 2.5.3　WiFi 及电池模块图

配网巡检拍录器的关键技术与难点有：研发合适的摄像头；保证拍录器绝缘杆体的绝缘强度；保持与带电设备间的安全距离；保障巡视人的人身安全。

三、创新点

本项目的主要创新点如下：

（1）将普通的绝缘杆与摄像头、LED 灯结合起来，可以及时发现箱变、环网柜等设备内部难以发现的缺陷。

（2）通过塑料万向绝缘管的任意弯曲来获得最佳拍摄角度，以解决被巡视设备内部构造复杂而无法拍摄的问题。

（3）通过无线通信模块连接手机APP，可以有效分工作业，并且可以进行照片或视频拍录存档，操作简单，使用方便。

四、项目成效

1. 现场应用效果

经国网池州供电公司安全、技术部门批准后，公司各配电队在2018年1～7月例行巡视发现的缺陷隐患中，由配网巡检拍录器发现的缺陷隐患占60%以上，具体明细见表2.5.1。

表2.5.1 配网巡检拍录器发现的缺陷隐患明细表

巡视班组	缺陷隐患总数	人工发现	拍录器发现	拍录器巡检占比
配电运检班	18	7	11	61.11%
城郊配电队	28	11	17	60.71%
木镇配电队	31	12	19	61.29%
庙前配电队	15	6	9	60%
平均	23	9	14	60.87%

2. 应用效益

2018年3～6月，公司通过配网巡检拍录器进行配网设备日常巡视检查，共发现严重缺陷17处、一般缺陷38处，及时结合上级线路停电检修计划进行了消缺，减少临时或重复停电78 h，由此给用户带来的经济效益累计可达150万元，在确保电网安全、稳定、运行的同时，提高了服务水平。配网巡检拍录器可伸缩，使用简单、操作方便，大大减少了人力与物力资源的浪费，每年可为公司节约30余万元。同时，在不停电的情况下，工作人员运用拍录器将1458台柱上变压器的挡位表、油位情况、变压器铭牌准确无误地记录下来，丰富了配网的设备台账。目前该项目成果已获得实用新型专利1项。

项目团队　树发劳模创新工作室

项目成员　周　飚　费云婷　章　毅　方　婵

项目 6
架空线路驱鸟器安装操作杆

国网滁州供电公司

一、研究目的

一直以来,国网天长市供电公司践行"你用电,我用心"的企业服务理念,以"不停电就是最好的供电服务"为目标,着力做好供电服务工作。根据国网公司提出的优质服务承诺:"减少计划停电和故障停电,提升用户的供电可靠率。"我们对近年来的多起线路停电原因进行了调查。

通过调查,我们发现鸟害是造成线路停电的主要原因。因此,在线路杆塔上安装驱鸟器、减少鸟害事件的发生是电网运维工作中一项迫在眉睫的任务。安装驱鸟器的工作只能在停电状态下进行,仅为安装驱鸟器提交的停电申请很难得到批复,造成鸟害重灾区域的很多杆塔无法安装驱鸟器,致使鸟害故障频发,影响供电质量。

因此研制一种操作装置,能实现不停电状态下安装驱鸟器,加快驱鸟器安装速度,进而解决鸟害问题,已成为具有很大研究价值的课题。

二、研究成果

项目组通过市场调研发现,市场上现有的驱鸟器是一体式装置,操作困难,需要运维人员多次练习才能掌握使用方法,不适合大规模推广。

本项目旨在提出一种架空线路驱鸟器安装操作杆,利用螺栓紧固式夹具、套筒式扳手组装杆体,杆身采用环氧树脂制成,长度大于人和线路之间的安全距离,能够实现不停电安装驱鸟器。该装置能够在距 10 kV 带电线路 0.7 m 外安装驱鸟器,每个月的安装数量为100个。

三、创新点

本项目的主要创新点如下：

（1）采用螺栓紧固式夹具，相比磁吸式和弹簧夹板式夹具，其夹紧力满足需求，且能够满足不同尺寸的驱鸟器安装要求。如图2.6.1所示。

（2）杆身采用环氧树脂制作，具有良好的绝缘性能、机械强度，操作时不会变形或断裂。如图2.6.2所示。

图2.6.1　螺栓紧固式夹具　　　　图2.6.2　环氧树脂材料

（3）选择套筒式扳手，其具有操作方便、紧固力强的优点，能够缩短操作时间。如图2.6.3所示。

图2.6.3　套筒式扳手

（4）杆身长度大于人和线路之间的安全距离（根据电力公司安规要求，人体与10 kV线路间的距离不得小于0.7 m，人体活动范围必须与10 kV线路保持1.1 m以上的距离）。

（5）具有很好的便携性，操作工具重量轻，可以方便地装入运维人员的工具包内（工具包长度一般不低于1.2 m，重量越轻越好，环氧树脂密度0.4 kg/m）。如图2.6.4所示。

图2.6.4　1.2 m环氧树脂杆身

（6）零部件组装简单方便，连接牢靠，且满足现场安装驱鸟器的要求。

四、项目成效

1. 现场应用效果

自2017年5月23日至今，该装置已在国网天长市供电公司相关10 kV线路获得广泛应用，因鸟害而导致的停电次数减少了110次。该装置既简单、实用，又安全、可靠，且制作成本低。如图2.6.5所示。

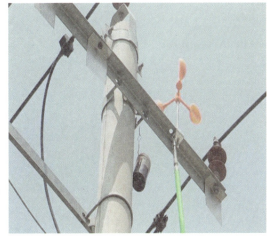

图2.6.5　架空线路驱鸟器安装操作杆应用现场

2. 应用效益

（1）经济效益

该装置应用后，因鸟害而导致的停电次数减少了110次。

减少公司停电损失:按每次停电2 h、损失电量2000 kWh计算。根据国网天长市供电公司2017年度售电均价和购电均价(全口径),每多供1 kWh电量利润为0.2197元,2017年共减少公司损失96668元。

减少人工抢修成本:每次鸟害停电故障需抢修人员4名(含司机),人工费按每人400元计算,工程车1辆,使用费按每辆500元计算,共节省231000元。

减少清理鸟巢成本:项目实施后,鸟巢数量总计减少了170个,平均清理1个鸟巢需要费用100元,共节约费用17000元。

综上所述,应用该装置后可产生经济效益344668元。

(2) 社会效益

通过研发架空线路驱鸟器安装操作杆,加快了驱鸟器的安装速度,很大程度上降低了因鸟害而导致停电的可能性。

该装置的推广和使用,为电网的安全、可靠运行提供了强有力的保障,减少了线路的巡查和抢修的工作量,提升了供电服务水平,树立了良好的公司形象,为人民生活和工农业用电提供了可靠的电力支撑。

通过查新显示,该项目技术为国内外领先,目前已获得国家实用新型专利1项,项目QC成果荣获安徽省质协一等奖。

(3) 安全效益

架空线路驱鸟器安装操作杆的应用,有效提高了驱鸟器安装的安全性及可靠性,保障了线路的安全、稳定运行。

项目团队	登峰科技创新团队

项目成员	卢峭峰　王洪涛　陈昌岭　魏　浩　刘飞鹏　陈　施　靳玉晨
	李晓峰

项目 7
三相塑壳型断路器负载调相开关箱

国网滁州供电公司

一、研究目的

随着经济的快速发展,配网用电负荷逐年攀升,由于部分用电台区前期设计改造的相对滞后、台区各相负荷变化的随机性等问题,配变台区经常出现单相过负荷或者三相负荷不平衡的情况,引起一系列的危害,如增加线路及配电变压器电能损耗、降低配变变压器出力、降低电动机运转效率、影响用电设备安全运行、降低电能表计量精度等。配变台区三相不平衡对配网供电安全、供电质量和经济运行产生较大的不良影响,是配网运行的主要薄弱环节之一,亟待得到解决。

近年来,三相负载自动调节技术日渐发展,目前典型的应用模式有3种:换相开关型自动调节装置、电容型自动调节装置以及电力电子型自动调节装置。

二、研究成果

国网滁州供电公司配电运检室研发了一款三相塑壳型断路器负载调相开关箱,装置采用三相分离式空气开关,实现开关间电气互锁,当闭合一相开关后,另外两相开关由于电气闭锁,将无法闭合。同时,创造性地引入低压开关出线侧A、B、C三相铜排互联方式设计,可以根据需要灵活进行负载组合和分配。低压铜排下端每相增加1组低压刀闸,形成明显断开点,能有效防止误操作引起的相间短路。操作机构采用手动和遥控操作相结合的方式,更加方便、快捷。如图 2.7.1 所示。

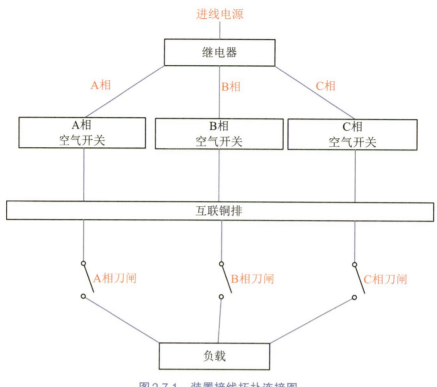

图 2.7.1 装置接线拓扑连接图

三、创新点

本项目的主要创新点如下：

1. 三相分离式调相开关+电气闭锁

该装置采用三相分离式调相开关模式,每相单独设置断路器进行负载的接入和断开操作,有效地规避了换相开关操作不到位的情况,大大地降低了装置开关误操作风险,提高了换相装置的机械可靠性,同时三相开关间实现电气互锁,当闭合一相开关后,另外两相开关由于电气闭锁,将无法闭合,能有效地防止误操作引起的相间短路。

2. 低压铜排互联+电气闭锁+明显断开点

该装置创造性地引入低压开关出线侧 A、B、C 三相铜排互联方式设计,可以根据需要灵活地进行负载组合和分配,且低压铜排下端每相增加 1 组低压刀闸,形成明显断开点,能有效地防止误操作引起的相间短路。

3. 手动+电动一体式操作机构+实时监测

该装置采用手动和电动操作相结合的操作机构,简化现场调相的操作环节,减轻作业人员的工作负担和作业风险;同时装置箱体外部装设有PD智能数字显示表,方便工作人员实时监测三相负载电流情况,验证调节效果,避免了传统作业中一次调节不到位造成的反复调节和停电,作业更加方便、快捷。

四、项目成效

1. 现场应用效果

2018年年初,三相塑壳型断路器负载调相开关箱在国网天长市供电公司永丰民生湾头配变台区现场试用,切实解决了此台区三相负载不平衡问题。如图2.7.2所示。

图2.7.2 国网天长市供电公司永丰民生湾头配变台区现场安装图

2. 应用效益

本项目已获得国家发明专利1项、实用新型专利5项。

该装置改变了以往三相负载不平衡治理作业过程中"调相即断电"的工作模式,可以在不断电或者短暂断电的情况下,方便快捷地进行三相负载调节分配,将不平衡治理工作对用户供电造成的负面影响降至最低。通过该装置的应用,不仅提高了供电服务质量,极大地减少了抢修人员体力和精力的消耗,还降低了现场抢修人员的工作风险,提升了公司供电服务水平,为公司树立了良好的社会形象。

| 项目团队 | 登峰科技创新团队 |

| 项目成员 | 李登峰　白涧　刘晓淞　杨敏　郑德宇　于同飞　岳诚　刘洋洋　李宝东　唐锐　许飞　陆杨 |

项目 8
新型双电源多备用插拔式低压开关柜

国网滁州供电公司

一、研究目的

目前,在居民小区典型供电设计中,一般在配电房实现双电源互备。用户低压电源仍采用放射式或树干式接线,末端开关柜内仍为单电源供电,一旦发生低压开关柜开关故障只能停电处理,不能满足居民对供电可靠性的要求。另外,由于开关柜故障导致的长时间频繁停电极易引发居民投诉。

传统的低压开关柜存在以下不足:

1. 开关柜结构存在缺陷,易扩大停电范围

开关柜仅具备开关的分、合闸功能,仅有一路进线电源,功能单一,供电可靠性差。

2. 故障设备更换困难

低压开关柜内部的开关设备多采用螺丝紧固方式,一旦柜内低压塑壳开关等设备发生故障,工作人员要在狭窄的空间内通过反复拆、拧大量螺丝来更换故障开关,既不安全,耗时又长,操作效率低下。

二、研究成果

国网滁州供电公司配电运检室研发了一款新型双电源多备用插拔式低压开关柜,装置采用双电源进线,两路电源互为备用,低压备自投功能有效解决传统低压开关柜"故障即停电"的问题;同时创造性地引入模块化设计和插拔式组装方式,插

拔接口采用RT0低压熔断器型国标设计,保障安全、可靠运行,且在故障抢修时拆卸和组装更加方便、快捷。另外,在普通箱体两端焊接U型把手,方便作业人员施工,并在箱体底部4个角上分别安装万向轮,方便运输,大大地减少了作业强度,提高了作业效率。如图2.8.1所示。

图2.8.1 新型双电源多备用插拔式低压开关柜

三、创新点

本项目的主要创新点如下:

1. 双电源进线+低压备自投装置

该装置分别从不同的配网母线引出两路电源进线,且具备低压备自投功能,主电源故障时,能在短短数秒内切换至备用电源供电。同时,开关柜低压侧设多路出线,每路出线并联多个同型号的低压塑壳开关互为备用,在其中一个开关发生故障时,自动投切至另一路开关。既短接了故障设备,又实现了不间断供电。

2. 模块化设计+插拔式组装

双电源转换开关及低压开关的动触头与静触头设计为插拔式连接。静触头包括连接板、夹片、卡簧,连接板的上部开有螺栓孔,螺栓穿过螺栓孔通过螺母与铜排连接,夹片垂直设置在连接板的下部,卡簧穿过夹片上的通孔与夹片外表面相抵,通过卡簧挤压,使动、静触头连接部位紧密接触,不会产生间隙放电,保障安全、可靠运行,且插拔接口采用RT0低压熔断器型国标设计,机械强度高,寿命周期长,耐热和耐电流冲击稳定性都能得到保证。通过插拔式组装能够更安全、方便、快捷地更换故障开关。

3. 万向滚轮底座+人工锁止功能

万向滚轮底座可方便、快速地移动,滚轮带锁止功能,可以根据需要锁死或释放滚轮。

4. 屋檐状箱顶+U型把手

屋檐状箱顶能有效地防止雨雪对开关箱内部设备的侵蚀,U型把手在移动箱体时提供了两个着力点。

四、项目成效

1. 现场应用效果

该装置已在滁州城区低压开关柜故障抢修现场、中国农歌会等大型活动保电现场实际应用。如图2.8.2所示。

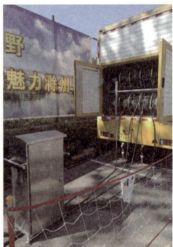

图2.8.2　2017年中国农歌会保电现场

2. 应用效益

本项目成果已获得国家实用新型专利2项、申请发明专利1项,发表论文1篇,获得国网滁州供电公司2017年度群众性科技创新成果一等奖。

该装置改变了以往低压设备故障抢修过程中"故障即断电"的工作模式,在保证对用户不间断供电的同时,极大地减少了抢修人员体力和精力的消耗。不仅提高了供电服务质量,还降低了现场抢修人员的工作风险,大大地提高了配网供电可靠性和运维抢修服务水平，为公司树立了良好的社会形象。

| 项目团队 | 登峰科技创新团队 |

项目成员 李登峰　白　涧　刘晓淞　杨　敏　郑德宇　于同飞　岳　诚　刘洋洋　李宝东　唐　锐　许　飞　陆　杨

项目9
绝缘毯层间绝缘电阻摇测辅助器具

国网阜阳供电公司

一、研究目的

在开展 10 kV 全绝缘法带电作业时,工作人员要对不满足安全距离要求的带电体实施绝缘遮蔽,绝缘毯是实施绝缘遮蔽的主要遮蔽用具。如果绝缘毯层间绝缘电阻不合格,而外观检查又没有发现其绝缘缺陷的话,那么就会给带电作业人员带来极大的安全隐患。

目前,绝缘毯层间绝缘电阻的检测是按试验周期在有资质的专业检测机构进行的。试验周期内的绝缘毯被默认为绝缘良好,然而在使用过程中,绝缘毯都会出现不同程度的损伤,每次使用完毕后便送到专业机构检测也不现实,此外试验周期一般较长,因此无法保证每次带电作业都能安全进行。

综上所述,为防止带电作业时因绝缘毯层间绝缘缺陷导致事故,亟待一种能现场摇测绝缘毯层间绝缘电阻的工具,以保障作业人员的人身安全。

二、研究成果

针对现场绝缘毯层间绝缘电阻无法检测的问题,结合绝缘毯特性及现场作业条件,项目组研制了一种绝缘毯层间绝缘电阻摇测辅助器具。该器具主要包括支撑架、支撑臂、限位销、弹簧、轴承、绝缘杆、导电杆和引线。支撑架起到支撑整个装置的作用,支撑臂包括静支撑臂和动支撑臂两部分,主要用于固定绝缘杆。轴承包括固定在绝缘杆上的大轴承和固定在动支撑臂上的小轴承。导电杆固定在大轴承上,通过轴承可以转动,动支撑臂通过小轴承固定在支撑架的承力杆上,可以转动。

限位销用于限制动支撑臂的运动范围。弹簧处于拉伸状态,在其拉力作用下,动支撑臂可以向两限位销运动。引线连接在导电杆的大轴承上,通过引线将电传输到导电杆上。在进行绝缘毯层间绝缘电阻检测时,将其穿在静支撑臂与动支撑臂的导电杆之间,绝缘电阻表的两电极端子分别接在静支撑臂与动支撑臂导电杆的引线上,在检测过程中,拉动绝缘毯一边,即可进行层间绝缘电阻检测,此方法能快速、方便地进行绝缘毯层间绝缘电阻检测,并准确、及时地发现绝缘缺陷部位,提高设备的安全可靠性,保障带电作业人员的人身安全。

三、创新点

本项目的主要创新点如下:

1. 现场摇测

装置整体采用落地式设计,结构简单、实用,可拆卸,占用空间小,携带方便,易于现场摇测使用。

2. 快速摇测

装置采用一体式设计,将绝缘毯整个放入两个能滚动的导电杆之间,通过拉动绝缘毯进行检测,能全面检测绝缘毯,同时摇测不受现场环境影响,适用范围广。如图 2.9.1 所示。

图 2.9.1　试验操作情况

3. 绝缘不合格检出率达 100%

该装置通过与绝缘电阻表相配合,可对绝缘毯进行全方位摇测,绝缘不合格检出率能达到 100%。

4. 采用模块化设计

该装置可以与各种类型的绝缘电阻表配合使用,兼容性强。

四、项目成效

1. 现场应用效果

经国网阜阳供电公司安全、运检部门批准后,该摇测辅助器具已广泛应用于配电带电作业中,使用效果如下:

2017年10月28日,在10 kV卜子东240线#28杆进行带电作业前,使用该摇测辅助器具与绝缘电阻表,进行绝缘毯层间绝缘电阻摇测;2018年6月4日,在10 kV七里河路154线七里河支线#001杆进行带电拆跌落式熔断器作业前,使用该摇测辅助器具与绝缘电阻表进行绝缘毯层间绝缘电阻摇测。如图2.9.2所示。

图2.9.2 现场使用情况

另外,自该摇测辅助器具研制成功后,配电带电作业班每次带电作业前均利用该摇测辅助器具与绝缘电阻表进行绝缘毯层间绝缘电阻摇测,以检测其绝缘性能,防止因使用不合格的绝缘毯而导致人身伤亡事故。

在该摇测辅助器具的多次现场使用过程中,其中一次作业前就发现一块绝缘毯层间绝缘电阻不合格,进一步检查发现,该绝缘毯有一个小洞,属于机械刮穿。通过该器具的使用,及时防止了人身伤亡事故,保障了作业人员在作业过程中的人身安全。

2. 应用效益

（1）安全效益

绝缘毯层间绝缘电阻摇测辅助器具成功地解决了绝缘毯层间绝缘电阻无法进行现场摇测的问题，保障了带电作业人员的人身安全，提高了设备的安全可靠性。

（2）经济效益

绝缘毯层间绝缘电阻摇测辅助器具的应用减少了人身伤亡赔偿与设备损坏造成的损失，以及停电造成的负荷损失。如因绝缘安全工器具不合格造成触电事故，一是对伤亡人员的经济赔偿费用巨大；二是线路或设备停电会造成很大的负荷损失。按线路带 7000 kW 负荷、停电 2 h 计算，每次停电会造成约 8000 元的损失。而批量生产该绝缘电阻摇测辅助器具的单位成本仅 2000 元左右。

（3）社会效益

降低了事故发生率，提高了供电稳定性。该摇测辅助器具容易携带、使用方便，并能可靠地进行层间绝缘电阻摇测，给带电作业人员的人身安全提供了更可靠的保障。

目前，该摇测辅助器具已通过安全检测单位对其安全性能的试验与检测，由于携带方便，安全性能高，已在公司进行了广泛应用。本项目成果为国内首创，目前已获得国家实用新型专利 1 项、申请发明专利 1 项，在国家级期刊发表论文 3 篇。

项目团队 朱杰技能大师工作室

项目成员 朱　杰　刘　斌　崔超奇　卢海亮　王化山　董　苏　邹　海　冯　玉

项目10
基于GSM通信的智能低压光伏防反送电系统

国网合肥供电公司

一、研究目的

近年来,大量分布式电源并网,使配电网由传统辐射式的单端网络变成一个遍布电源和用户互联的多端网络,不再只是单向地从变电站母线流向各负荷。在计划停电检修的区域内有可能会存在"孤岛"运行的分布式电源,造成反送电,成为威胁检修人员安全的新风险。目前对于涉及低压光伏并网线路的停电检修工作,我们还是采用先查询网点台账,再电话联系客户配合停电并现场确认的模式,费时、费力,效果也不好,而且仅仅依靠用户侧保护装置,也不足以保障电网和人身的安全。

综上所述,改进传统作业方式,研制一套智能低压光伏防反送电系统,安装在产权分界点之间,当公网线路侧停电检修时,能及时切除光伏并网用户与公网之间的连接,且运维人员能够及时、准确获知光伏并网用户与公网之间的连接状态,延迟能控制在1 min以内,对消除作业安全隐患、提高作业效率,具有重大意义。

二、研究成果

本项目旨在研发一种基于GSM通信的智能低压光伏防反送电系统,在用户与公网的分界点处加装一个开关,公网停电检修时,电压监测单元采集公网电压波动信号,并上传至控制单元,采集的电压与预先设定的阈值对比,超出阈值时,操作单元控制开关分闸,断开公网与光伏用户之间的连接,通信单元及时与运维人员通信,告知开关状态。基于同样原理,当公网侧恢复供电后,开关合闸,恢复公网与光伏用户之间的连接。

基于GSM通信的智能低压光伏防反送电系统由电压采集系统、操作系统、自动控制系统、通信系统4部分组成。电压采集系统选用复合式电压采集模块,其测量平均精度是1.6%。操作系统选用电动操作,运行稳定、体积小、安装简易便捷。自动控制系统选用单片机,结构简单、故障率低、控制准确,可在恶劣环境下稳定工作,可靠性高。通信系统采用GSM通信,通信便捷,且研发成本低。框架材质选用铝镁合金,强度高、重量小、抗腐蚀性能强,能承受300 kg负重,结构合理,空间能满足其他系统装载需求。如图2.10.1～图2.10.4所示。

图2.10.1　电压采集系统

图2.10.2　操作系统

图2.10.3　自动控制系统

图2.10.4　通信系统

本项目的关键技术与难点有:

(1) 如何有效地检测公网侧电压状态,提高电压采集的准确性及可靠性。

(2) 研发可靠的自动控制程序,确保系统可靠地切断与光伏并网用户之间的连接,保障工作人员人身安全。

三、创新点

本项目的主要创新点如下:

(1) 智能识别电网侧停电检修工作,实现毫秒级自动断开光伏电源回路,工作结束后可延时自主恢复。

(2) 智能识别光伏电源用户内部短路故障。

(3) 基于手机短信,提醒相关人员实时掌握光伏电源接入状态与运行状态。

(4) 安装于公网侧,不受用户制约,可靠性高。

四、项目成效

1. 现场应用效果

项目组成员在调试阶段进行反复试验,同时在多个低压光伏并网项目中进行试用。系统样机如图2.10.5所示。

图2.10.5　系统样机

当电压高于额定电压7%或低于额定电压10%时,该系统自动切断光伏用户与公网之间的连接;当电压正常时,该系统自动恢复光伏用户与公网之间的连接。实现公网侧停电后,确定并网点状态的时间由传统的70 min缩短到1 min即可收到短信通知,判断准确性达到100%。

2. 应用效益

(1) 提升作业安全性,有效避免光伏用户并网反送电造成的电击伤人事故。

(2) 提高作业效率,缩短作业时间。经现场测试,使用该装置节约了大量的用于隔离光伏用户的时间。

(3) 增加经济效益,减少停电时间。使用该装置比传统方式大大地节约了人力资源,而且避免了大量时间的损耗,减少了光伏用户因为公网侧停电检修所引起的电能损失。

(4) 提升社会形象,提高客户满意度。人民电业为人民,使用该系统可减少停电时间,为客户提供优质服务,大大地提高了国网品牌影响力。

目前,基于GSM通信的智能低压光伏防反送电系统在公司进行了试点应用。相比传统的确认光伏用户隔离方式,其应用简单、快捷,能有效消除施工作业过程中的安全隐患,提高作业效率,广受好评。

通过互联网对同类型产品进行查新,结果显示:该项目技术为国内外领先,目前正在积极申报专利。

项目团队	陈兴抢修工作室

项目成员	陈 兴　黄云龙　赵 晔　许 康　高传海　孔令勇　宋克东 陈 伟　许 佳

项目11
配电线路绝缘包裹机器人

国网淮南供电公司

一、研究目的

在中低压10 kV配电线路的农网架空线路中经常会遇到树木等可变障碍物,为了保证线路的安全运行,常常会采取对中低压10 kV配电线路包裹绝缘橡胶的措施来增强线路的绝缘性。

目前,绝缘修复工作一般会使用电力升降车将工作人员送至施工点,这种做法只适用于地势平坦、开阔的沿海及发展较快的内陆城市地区,具有很大的局限性。对于很多工况较为复杂的环境,例如发展较缓的乡村和地形起伏大的地区,车辆难以到达施工位置,劳动强度大、作业效率低、作业质量不稳定,同时存在严重的人身安全隐患,已越来越不适应现代电网和经济社会快速发展的要求。因此,开发一种自动绝缘包裹装置代替人工作业显得尤为重要。

二、研究成果

针对国网凤台县供电公司农网10 kV配电线路绝缘修护使用现状,项目组研发了一套配电线路绝缘包裹机器人装置。该装置可以代替人工登高作业,将绝缘橡胶自动包裹在电线上。

该装置由行走机构、包裹机构组成。行走机构主要由电机和滑轮组成,通过电机提供的动力带动滑轮滚动,从而实现机器人在架空线上行走的功能;包裹机构是整个装置的核心机构,通过夹紧机械手和移动机械手的配合实现绝缘橡胶的固定与封口。绝缘材料选用乙丙橡胶,该材料具有良好的耐老化性、耐磨性、耐油性、电绝缘性能和耐臭氧性,是电线、电缆及高压、超高压设备的良好绝缘材料。绝缘橡胶为开放卡扣式结构,对于架空线而言,该结构易于使用,操作简单。如图2.11.1所示。

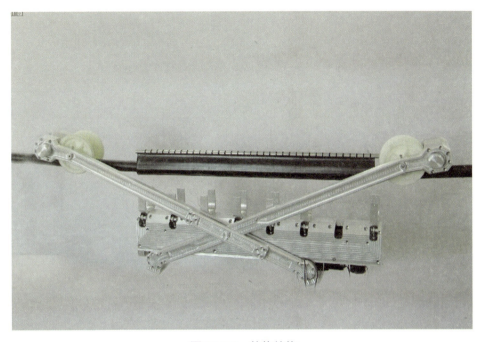

图2.11.1 整体结构

三、创新点

本项目研制的绝缘包裹机器人装置能够自动完成10 kV配电线路的绝缘修护作业,主要创新点包括自主设计的可自动行走、升降、包裹的机械结构和无线控制。

1. 机械结构

自主设计了行走机构、升降机构、包裹机构。行走机构主要由包胶和滑轮组成,通过电机提供的动力带动滑轮滚动,从而实现机器人在架空线上行走的功能;升降机构采用动滑轮实现包裹机构的上升、下降,完成整个装置的衔接;包裹机构是整个装置的核心机构,通过连杆与滑轮的配合实现绝缘橡胶的输送与包裹。如图2.11.2、图2.11.3所示。

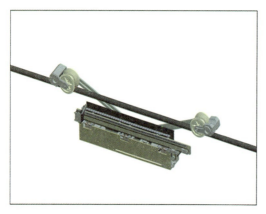
图2.11.2 行走机构

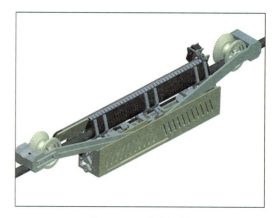
图2.11.3 包裹机构

2. 无线控制

使用WiFi网络控制主要有两个优点：可以使用手机、平板电脑等WiFi设备作为控制终端，方便使用且节约成本；相比蓝牙等无线通信手段，其控制距离远，数据传输量大。

四、项目成效

目前，国内外关于配电线路的机器人绝大多数只能实现简单的巡线报警功能，极少数具有线路除冰功能，而在配电线路绝缘自动修复方面，至今还没有相关的研究论文及成果专利，也没有实际应用的产品。

该项目研制的绝缘包裹机器人装置能够自动完成10 kV配电线路的绝缘修护作业，填补了市场空白，对于提高输电线路的维护水平，推动输电线路维护工作向自动化、智能化方向发展具有重要意义。

使用该装置进行10 kV配电线路的绝缘包裹作业，节省了大量的人力、物力，具有很高的经济效益。

1. 经济效益

（1）项目投入

本项目共投入23万元，其中设备研制费19万元，调试及其他费用4万元。

（2）直接经济效益

国网凤台县供电公司以前的绝缘修复工作一般会通过电力升降车将工作人员送至施工点，至少需要1辆电力升降车和2名工作人员。而在使用10 kV配电线路绝缘包裹机器人装置后，仅需要1名工作人员。

按1年80次作业、车辆使用费2000元/车次、人工费300元/人次计算，1年可节省184000元。

(3) 间接经济效益

国网凤台县供电公司使用 10 kV 配电线路绝缘包裹机器人装置前,在对绝缘破损的导线进行修复作业时,须做停电处理,不仅使公司供电可靠性降低,而且造成了公司的经济损失。

按 1 年使用该装置 100 次计算(每次作业 1 h,每次减少停电用户 820 户,其中居民用户 800 户,每小时用电 0.8 kW,工业用户 20 户,每小时用电 150 kW),可增加经济效益 229979.2 元。

同时,对于很多工况较为复杂的环境,车辆难以到达施工位置,劳动强度大、作业效率低、作业质量不稳定,存在严重的人身安全隐患。使用该装置后,减少了作业人员,降低了劳动强度,减少了安全隐患。

2. 社会效益

10 kV 配电线路绝缘包裹机器人的投运,大幅地提升了国网凤台县供电公司 10 kV 配电线路绝缘修复工作的效率,进一步提高了配电线路运维的稳定性和安全性,为公司输电线路运维向自动化、智能化方向发展奠定了坚实的基础。

3. 推广应用

10 kV 配电线路绝缘包裹机器人适应性好,完全适用于国内其他 10 kV 配电线路的绝缘修复工作,而且可以安装相关线路检测设备,在绝缘包裹作业的同时,检测线路运行状态。

项目团队 知行创新工作室

项目成员 宋 杰 苏东宝 谢 飞 孟晨辰 郭宇昊 吴 庆 刘 旸 周 静

项目12
10 kV 高压柜故障抢修快速复电装置

国网六安供电公司

一、研究目的

近几年,老旧小区配电房由于设备老化,配电房位于地下、通风不畅等原因,使配电房高压柜因凝露导致放电的现象明显增多,造成城区主线路跳闸和配电房中置柜短路停电事件时有发生。目前,居住小区配电房 10 kV 高压柜普遍采用中置柜,这种柜型结构复杂,在备品备件充足的情况下,对配电房高压柜检修需 1 天左右。极端情况下,如果配电房中置柜发生故障停运,紧急联系厂家发货并安装,从停电到抢修完成后送电甚至需要 3 天,这给小区居民生活造成了较大的不便,更与国网公司优质服务理念以及国网安徽省电力有限公司提出的"不停电是最好的运维""不停电是最好的服务"要求相悖。

图 2.12.1 快速复电装置实物图

二、研究成果

针对以上问题,项目组结合现场实际,确定研究思路:故障发生后先使用旁路故障设备的方法,快速恢复小区供电,减少停电时间,然后再统筹安排计划检修工作,对故障高压柜实施检修,从而大大地减少故障抢修的停电时间。根据此思路,研制出了一种居住小区配电房 10 kV 高压柜故障抢修快速复电装置。如图 2.12.1

所示。

三、创新点

传统的配网故障抢修流程为：故障停电→故障查找→故障点隔离→故障设备抢修更换→试验验收→恢复供电。在抢修完成之前小区一直处于停电状态。如图2.12.2所示。

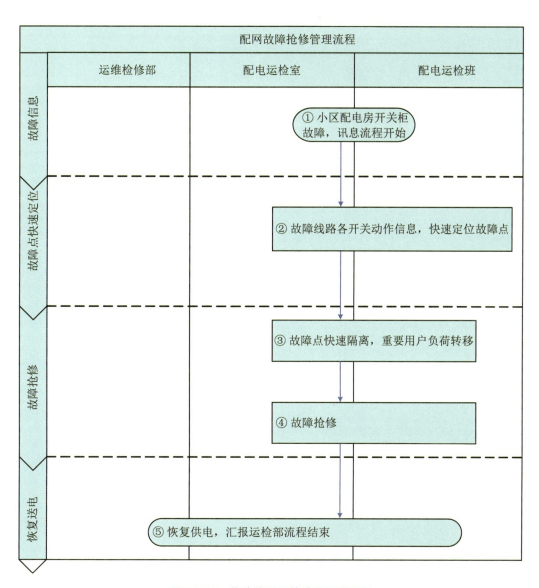

图2.12.2 传统的配网故障抢修流程图

应用快速复电装置后，抢修流程优化为：故障发生（停电）→故障查找→采用快速复电装置旁路故障设备→恢复供电。与传统抢修流程相比，避开了故障设备抢修更换造成的长时间停电,先由旁路故障高压柜恢复小区供电,然后再统筹安排检修工作,对故障高压柜实施检修,从而大大地减少故障抢修的停电时间。如图2.12.3所示。

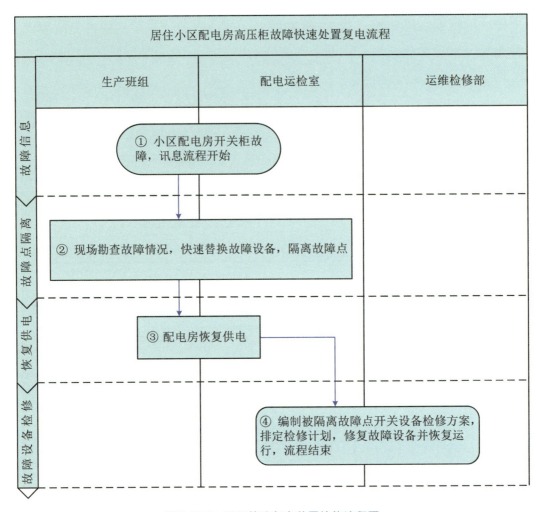

图2.12.3 采用快速复电装置抢修流程图

四、项目成效

1. 现场应用效果

应用该装置前,小区配电房高压柜故障抢修的停电时间平均为14 h,项目组的目标是将停电时间减少至4 h。采用快速复电装置旁路故障高压柜的抢修方法后,在两次小区配电房高压柜故障抢修中,分别用时3.5 h和2.67 h即恢复小区供电,停电时间大大减少。

2. 应用效益

（1）经济效益

以某小区为例，该小区有 11 台变压器，总装机容量为 7440 kW，功率因数为 0.95，平均每台变压器带 50% 负载，故障抢修停电时间由 14 h 缩短为 2.67 h，快速复电装置成本为 5000 元，可创造的经济效益为：

$$电费收入 = 7440 \times 0.95 \times 0.5 \times (14 - 2.67) \times 0.5657 = 22651 (元)$$

$$实际取得经济收益 = 22651 - 5000 = 17651 (元) \approx 1.77 (万元)$$

应用该装置获得的经济收益为 1.77 万元。

（2）社会效益

当小区配电房高压柜发生故障停运时，采用快速复电装置旁路故障高压柜，快速复电减少了故障停电时间，提高了服务水平，提升了供电可靠率，提高了公司社会形象和客户满意度。采用快速复电装置将故障设备旁路后，故障设备不带电，有充足时间安排检修和进行消缺，优化了抢修流程，避免了紧急抢修风险，提高了工作安全性。

项目团队	配电运检创新团队

项目成员	谢正勇　伍鸿兵　罗　勇　彭传诲　王　嵩　韦志强　陈　曦

项目13
便携式电动登杆机

国网六安供电公司

一、研究目的

随着电力行业的快速发展,电网建设任务日益繁重。目前,传统的杆塔登高作业采用登高板、脚扣、斗臂车、剪叉式升降机等工具,主要存在以下弊端:

(1) 登高板、脚扣稳定性较低,存在高坠风险,登杆过程需重复操作,耗时、费力、工作量大。

(2) 斗臂车、剪叉式升降机成本高、作业环境要求高、工作流程较烦琐,制约了工作效率的提升。

(3) 传统登杆作业对人员技能要求较高,需达到一定的熟练程度方可作业。

综上所述,为改进传统作业方式,提高登杆作业的安全性,研制一种自动载人登杆装置,改变传统的登杆方法,在满足安全要求的前提下实现高效率的登杆作业,对减少登高作业安全隐患、提高作业舒适度和作业效率具有重大意义。

二、研究成果

本项目提出的便捷式电动登杆机,是一种通过电力驱动传动系统,利用杆体自身摩擦力,实现机器载人自动登杆的新型装置。通过压力传感器实时感应监测,实现杆径变化过程中的持续、稳定抱杆;通过脚踏开关控制,实现机器载人上、下、停的功能,有效地减少人力消耗,提高工作效率。

便携式电动登杆机主要由抱杆系统、动力系统、控制电路、框架4个部分组成。抱杆系统选用三角形双排轮,爬杆性强、稳定性好、操作简单,登杆机与电杆之间具备足够的摩擦力,无打滑,无动力来源时能瞬间抱死电杆。动力系统选用步进电机,其运行稳定,低速扭矩大,误差不累计,控制性能好,负重200 kg时可稳定运行,电池续航可满足连续上、下杆50次。控制电路选用门电路,结构简单、故障率低、控制准确,能够实现装置上、下及制动控制。框架材料选用铝镁合金,强度高、重量小、抗腐蚀性能强,能承受300 kg负重,结构合理,空间满足其他系统装载需求。如图2.13.1所示。

便携式电动登杆机的关键技术与难点在于:

(1) 研发合适的抱杆框架结构,在电杆直径变化过程中确保抱杆有力,保证驱动轮与电杆之间具备充足的摩擦力,同时始终保持机器的稳定性。

(2) 研发可靠的安全防护系统,确保自动载人登杆过程中的绝对安全。通过机器内部自动锁死装置,完全消除机器异常时的坠落风险。通过机器复位功能,在发生紧急情况时能缓慢释放张紧装置,使登杆机平稳下落、安全着地。

三、创新点

本项目的主要创新点如下:

(1) 采用三角形双排轮稳定性结构。该装置上、下两层各四点受力,三角形排列,结构精简、抱杆有力,可有效解决因负重造成的倾斜问题,满足360°作业需求,机体稳定运行到达作业位置后抱死、固定,作业人员站立平稳,舒适度高。

(2) 全方位感应杆体变化,动态调整装置内径。该装置环绕式抱杆系统由4个尼龙轮、4个铁制滚轮及张紧装置组成,采用独立电机控制,由12个感应头实时采集杆径、压力变化与登杆机高度信息,自动调整张紧装置压力,在杆径不断变化的情况下确保摩擦力充足,适用不同杆径、不同高度、不同梢径的电杆。

(3) 多重保护,安全性高。该装置使用涡轮齿式传动结构,设置两处自动锁死装置,实现失电瞬间锁死"双保护",杜绝坠落风险;设置复位键,失电情况下脚踩复位键,机体释放张紧装置,登杆机载人回到地面。

(4) 安装方便,操作简单。1根铁销卡死装置环绕抱杆,登杆人员只要用脚操作"上升""下降"按钮,即可控制装置动作,松开按钮该装置即自动锁死。

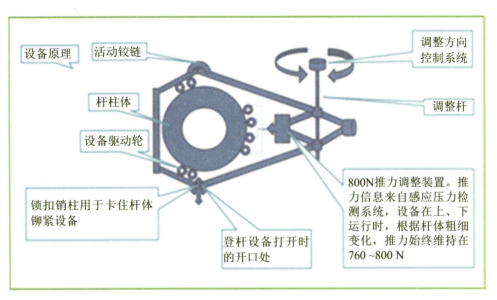

(a) 抱杆系统结构图

(b) 动力系统组成

(c) 控制电路组成

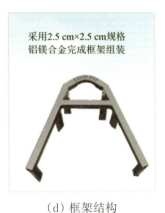

(d) 框架结构

图 2.13.1 便携式电动登杆机结构图

四、项目成效

1. 现场应用效果

经国网六安供电公司安全、技术部门批准后,于2017年11月、12月使用便携式电动登杆机开展低压线路作业8次,上、下杆时间均在1min内。如表2.13.1所示。

表2.13.1 使用便携式电动登杆机耗时测试

序号	作业地点	操作	耗时(s)	操作	耗时(s)
1	石店镇	上杆	55	下杆	50
2	石店镇	上杆	51	下杆	45
3	石店镇	上杆	50	下杆	46
4	石店镇	上杆	49	下杆	50
5	石店镇	上杆	48	下杆	47
6	石店镇	上杆	53	下杆	46
7	石店镇	上杆	49	下杆	46
8	石店镇	上杆	51	下杆	50

2. 应用效益

(1)增加作业舒适度,提升安全性

相比脚扣、登高板登杆,该装置在登杆过程中不用调整机器,全过程双手抱杆,作业人员几乎无体力消耗、无疲惫感,上、下运行稳定、可靠,可有效避免各类安全风险。

(2)提高作业效率,缩短登杆时间

经现场测试,用该装置登12 m电杆单次上升可节约时间2 min。以10 kV线路新建工程为例,使用脚扣登杆,单人每天可登杆10次,若使用便携式电动登杆机,登杆过程基本无体力消耗,单人每天可登杆25次,工作效率提升2.5倍。

(3)增加经济效益,减少停电时间

使用该装置较传统登杆1次上、下杆可节约时间4 min,以国网六安供电公司为例,按每年抢修8000次,每次抢修登杆4次计算,至少增加供电时间2133 h,按平均每小时售电量500 kWh计算,可增加售电量106.7万 kWh,至少增加收入59.7万元。安徽省16个地市公司全年可增加收入共计955.2万元。

(4)提升社会形象,提高客户满意度

人民电业为人民,使用该装置可减少施工、检修停电时间,为客户提供优质服务,大大提高国网品牌影响力。

目前,便携式电动登杆机已通过安全检测单位对安全性能的试验与检测,并在国网六安供电公司进行了试点应用。相对于传统登杆工具,便携式电动登杆机稳定性强、舒适度高,能有效减少施工作业过程中的安全隐患,提高作业效率。

通过对该产品进行查新,结果显示:该项目技术为国内外领先,目前已获得国家发明专利1项、实用新型专利1项,获第三方技术鉴定报告1份,2018年荣获国家电网公司第四届青年创新创意大赛金奖。

项目团队 红专创新工作室

项目成员 潘永晟　周红专　张双剑　黄新春　李旭东　江　波　陆文祥

项目14
配网T型电缆头专用接地线

国网六安供电公司

一、研究目的

接地是停电检修作业中的一项重要安全保护措施。目前,配电网中常用的卡口式和螺栓式接地线主要适用于架空线路或者其他裸导体上。对于电缆线路,则是利用电缆线路中环网柜等开关设备的接地刀闸实现接地。但是,在配电网电缆线路中,有一种常见的设备——电缆分支箱,它没有接地刀闸。如图2.14.1所示。

图2.14.1 电缆分支箱及其内部T型电缆头结构模型

因此,停电检修时要在电缆分支箱处加装一组接地线。然而,电缆分支箱内部普遍采用T型电缆头与电缆连接,常用的接地线无法直接装设。传统方法只能拆!一步一步拆掉T型电缆头。首先取下避雷器后堵头,先拆掉避雷器,再拆下连接螺杆,最后拆下电缆头套管,才能将螺栓式接地线和电缆头接线端子连接上。如图2.14.2所示。

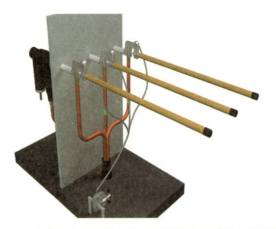

图2.14.2　电缆分支箱T型电缆头用传统方法装接地线效果图

这个操作过程有很多缺点：① 在装接地线之前拆解设备，触电风险特别大，不安全。② 整个操作过程很复杂，要取下避雷器后堵头，先拆掉避雷器，再拆下连接螺杆，最后拆下电缆头套管，才能抽出电缆接线端子与接地线连接。③ 完成接地线装拆至少需要1 h，费时间。④ 在拆解过程中还可能损伤电缆头，造成安全隐患。⑤ 接地线装好后无法关闭柜门。如图2.14.3所示。

图2.14.3　接地线装好后柜门无法关闭效果图

二、研究成果

针对以上问题，项目组结合现场实际，研制出一种配网T型电缆头专用接地线。其接线端采用螺纹母头结构，并采取两段式设计。这种接地线在装设时，只要取下避雷器后堵头，接地线即可直接旋钮在电缆头连接螺杆上，实现接地。如图2.14.4所示。

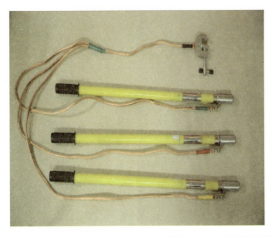
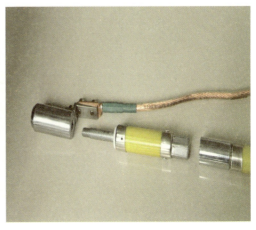

图2.14.4 T型电缆头专用接地线实物

三、创新点

这种专用接地线与传统的接地线在结构上的主要区别是:其接线端创造性地采用螺纹母头结构,且绝缘杆采取两段式设计。如图2.14.5所示。

图2.14.5 T型电缆头专用接地线接线端采用螺纹母头结构和两段式设计

这种独特的螺纹母头结构,可以和电缆头内部连接螺杆直接连接。因此,这种专用接地线在装设时,只要取下避雷器后堵头,将接地线直接螺合在避雷器连接螺杆上,不用拆解电缆头,且接地线装好后,可拔出绝缘杆,以方便关闭柜门。如图2.14.6、图2.14.7所示。

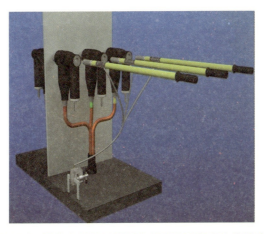

图2.14.6 T型电缆头专用接地线和T型电缆头直接连接

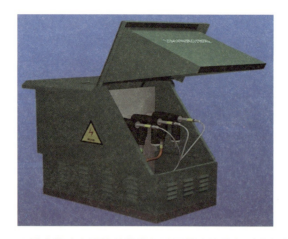

图 2.14.7　T 型电缆头专用接地线装好后可拔出绝缘杆以方便关闭柜门

四、项目成效

1. 现场应用效果

2017 年以来，T 型电缆头专用接地线应用于六安市 60 余次配网检修工作中，如图 2.14.8 所示。实践证明，与传统的接地线相比，该 T 型电缆头专用接地线具有以下优点：

图 2.14.8　T 型电缆头专用接地线应用现场

（1）操作快

T 型电缆头专用接地线采用独创的螺纹母头结构，可直接与电缆头连接，平均 2 min 即可安装到位，节省了近 30 倍时间。

（2）操作过程安全

在装设过程中，作业人员不用拆解电缆头，且采用绝缘杆操作，不直接触碰电缆头,无触电风险。

（3）合理有效

绝缘杆采用两段式设计,接地线装设完成后可取下绝缘杆,以方便关闭柜门,防止外来人员误碰接地点。

2. 应用效益

该技术成果投入小、收益大,研发成本仅千余元,在六安市配网应用以来,大大地缩短了装设接地线时间,减少了停电时间,增加了电量,获得经济收益约72万元。同时,减少停电时户数4812时户,提高了供电可靠率。

项目团队	配电运检创新团队

项目成员	谢正勇　伍鸿兵　罗　勇　彭传诲　王　嵩　韦志强　陈　曦　陆晓坤

项目15
山区10 kV电力线路穿越竹(树)林防积雪断线措施

国网六安供电公司

一、研究目的

霍山县森林覆盖率达到75.1%,地势南高北低,地貌特征为"七山一水一分田,一分道路和庄园"。因处于亚热带湿润季风气候和温带半湿润季风气候区,全县有竹园3万公顷,为江北毛竹第一大县,被国家林业局授予"中国竹子之乡"。霍山县大部分10 kV以下电力线路均穿越竹(树)林地带,正常1~10 kV电力线路通道内竹(树)林清障距离为5 m,风雨天气都可以保证树、竹不会碰触电力线路,但是一旦降雪,树、竹会因为积雪的压迫倒向四周。通过灾后照片,我们可以很清晰地看到竹林在积雪重压下全部垂倒,大量的竹枝压在线路上,让本就覆冰严重的导线难以正常工作。

国网霍山县供电公司现有10 kV线路1082.56 km,其中超过200 km的配网线路穿越山区竹(树)林地带,雨雪、大风天气线路停电故障多。2009年,强降雪横扫江淮大地,局部山区积雪达35 cm,特别是配网线路受通道内竹障、覆冰、积雪因素影响,遭受严重损毁。灾害期间共发生10 kV电力故障89起,其中导线断线达38起。

综上所述,为提高用电可靠性,降低线路的故障率,结合实际研究一种适用于山区10 kV电力线路穿越竹(树)林防积雪断线措施,具有重大意义。

二、研究成果

实施:在架空线路800 mm上方增加钢绞线。如图2.15.1所示。

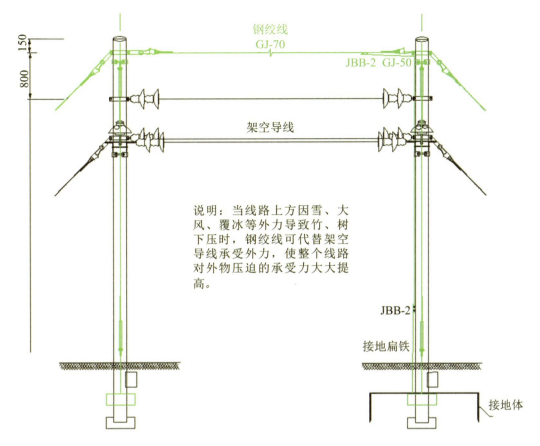

图 2.15.1　成果实施方案图

步骤：

（1）根据现场情况设置杆位，尽可能避开树、竹障碍。

（2）在杆顶以下 150 mm 处架设钢绞线，并设置受力反向拉线，以确保受力平衡。

（3）在第一蓬钢绞线下方 800 mm 处组装横担，以确保钢绞线的保护范围，保证四周树竹林倾倒后会被钢绞线阻挡，不至于触碰绝缘导线。

（4）加设接地引下线，完善线路防雷措施。

三、创新点

在架空线路电杆顶端加设 1 根 70 mm² 钢绞线，用对合抱箍连接，使树、竹倒压后无法触碰架空导线。GJ-70 mm² 钢绞线的计算拉断力为 90200 N，95 mm² 架空绝缘导线的计算拉断力是 13727 N。抗压能力提高近 6.5 倍。

当竹（树）林被积雪覆压时，由第 1 层钢绞线来承受积雪的压力，大大地提高了线路的抗积雪能力。由于钢绞线的保护，在出现风灾的地区，也可以有效保护导线外部绝缘层不被磨损。

四、项目成效

1. 现场应用效果

2018年1月3日的第一场雪,在新年第一个工作日的凌晨悄然而至。2月17日,霍山县境内山上的冰雪尚未消融,就又开始下起了大雪,对于刚遭受雨雪凝冻影响的电网来说,这场雪无疑是"火上浇油"。现场勘察采用"抗冰雪"模式进行防积雪断线改造,线路上方的钢绞线和拉线起到了有效的隔离和保护作用。

2. 应用效益

(1) 经济及社会效益分析

以国网霍山县供电公司35 kV佛子岭变电站10 kV通水灌04线为例,据变电站年内计量表显示,其高峰负荷为800 kW,低谷负荷为200 kW,正常负荷为每小时500 kW左右。以该线路断线停电检修一次需要停电10 h计算,损失电量为5000 kWh。按照上网电价0.56元/kWh计算,停一次电造成的电费损失为2800元,再加上抢修所需的材料及人工,累计一次共造成5000元的经济损失。这仅仅只是一处导线断线造成的经济损失量,如果雪灾期间断线过多,将会造成巨大的经济损失。同时,非计划停电将会给用电客户带来不可预测的损失,致使投诉量增加,企业形象受损。

(2) 成本测算

该条线路跨越竹(树)林档数为3档,总长度150 m,本成果的投资为150 m钢绞线成本、4个对合抱箍成本、人工费用,合计1000元。

在应用"抗冰雪"模式进行防积雪断线改造后,可以实现年减少88000元损失,并且提高了供电可靠性。

(3) 增加线路强度,提高安全性

有电力线路穿越竹(树)林防积雪断线措施的线路,无论刮风、下雨或降雪,在树、竹倒塌压向线路时,都能有效地得到安全防护,无倒杆断线的风险。

(4) 提升社会形象,提高客户满意度

人民电业为人民,应用本措施可减少因树、竹倒压导致的线路断线、倒杆停电,为客户提供更加优质的服务,大大提高国网品牌影响力。

目前,10 kV电力线路穿越竹(树)林防积雪断线措施已经过几场大雪的考验,通过了试验与检测,并在公司进行了80多处的成果应用。

该项目技术目前已获得国家实用新型专利1项,并荣获2015年国网安徽省电力有限公司农电科技进步奖。

| 项目团队 | 国网霍山县供电公司"映山红"创新工作室 |

| 项目成员 | 金正满　朱恩彬　吴舒玉　高　松　徐晓健　刘长清　陈　涛 |

项目16
10 kV绝缘操作杆可拆卸摄像装置

国网马鞍山供电公司

一、研究目的

近年来,随着马鞍山市城区配网管辖的配电设备数量的不断增加,公司配电运检室和设备运维人员的运维压力也在不断加大。综合配电设备的运维管理经验表明,要想实现配电设备的安全、可靠运维,必须对配电设备进行定期巡检,完整地采集设备的运行状态信息和老旧设备的铭牌参数信息。这些资料的完整性关系到运维人员对设备运行状态的判断(包括设备的运行年限、设备目前的外观状态、是否存在缺陷、是否能够可靠运行等)。

对于架空配电设备的巡检及信息采集工作大多采用停电登杆采集方式,受较多的客观因素影响,采集效率低、采集完成率也在较低水平,同时影响供电可靠性,整个过程需花费较多人力、物力。因此,研制一种专门用于架空设备的信息采集装置十分必要。

二、研究成果

本项目旨在研制一套10 kV绝缘操作杆可拆卸摄像装置,使运维人员在地面即可实现杆上设备信息的采集和运行状态的判断,以降低现场作业的安全风险和劳动强度,提升作业效率。技术路线如下:

(1) 通过研究,在确保工器具安全性的基础上,从材料选取、固定方式研究等方面来解决绝缘操作杆与摄像机的连接固定问题,同时尽量降低全套工器具的重量,保证工器具中轴性,确保重心可控制,以提高操作杆的可控性。

（2）设计一套完整的无线传输控制系统，地面人员可以实时查看摄像机拍摄的画面，并可以准确控制绝缘操作杆上摄像机的调焦、云台旋转、拍照等功能。

此套装置携带及现场组装方便，使用此套装置后，将原本须要停电登杆才能进行的信息采集工作，转变为仅需要两人即可完成设备带电运行情况下的信息和数据采集工作。节省了原本须要停电进行信息和数据采集所消耗的时间，人员无须停电登杆，减少了停电作业、登杆作业带来的安全隐患。智能摄像头在信息及数据采集工作过程中，画面可实时传输，方便地面工作人员实时控制和调整。如图2.16.1所示。

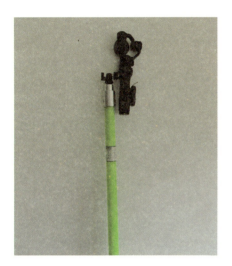 

图2.16.1　10 kV绝缘操作杆可拆卸摄像装置

三、创新点

本项目的主要创新点如下：

（1）摄像单元可以实现360°无死角拍摄，采集的图片分辨率至少达到2048像素×1080像素。

（2）该智能控制设备接入控制网等待时间小于10 s，控制信号反应迅速，延时小于1 s，视频、图片可实时传输，信号稳定，中断时间不超过0.5 s。

（3）通过齿轮卡扣装置将摄像单元与绝缘操作杆固定，连接部位固定牢靠，不易脱落。

（4）具备近电报警单元，且具有高灵敏度，在10 kV使用环境下设备靠近带电体接近0.7 m时可靠报警，在380 V使用环境下设备靠近带电体接近0.4 m时可靠报警。

（5）整套装置携带方便，且安装、拆卸时间小于2 min。

四、项目成效

1. 现场应用效果

经国网马鞍山供电公司安全、技术部门批准后,公司在2017年9月对此套工具的现场应用情况进行现场测试,测试数据如表2.16.1所示。

表2.16.1 采集设备数据的耗时统计

序号	日期	平均准备工作时长(min)	采集图片时长(min)	总时长(min)
1	2017年9月21日	4	2	6
2	2017年9月21日	4	3	7
3	2017年9月21日	4	3	7
4	2017年9月21日	5	2	7
5	2017年9月21日	5	2	7
6	2017年9月21日	5	2	7
7	2017年9月21日	5	1	6
8	2017年9月21日	3	2	5
……	……	……	……	……
28	2017年9月24日	3	3	6
29	2017年9月24日	3	3	6
30	2017年9月24日	4	2	6
平均值		3.86	2.2	6.06

由上表可以看出,使用新工具后,由于不用登杆进行信息采集,节省了较多时间,信息采集时间有了明显下降。

同时,在两组30个采集点进行设备信息及运行状态信息的采集工作中,60个采集点所采集到的信息能够明确被识别的有59个,仅有1个存在模糊情况(由于拍摄时持杆人员手臂抖动),识别率为98.33%。如图2.16.2所示。

2. 应用效益

(1)安全效益

采用绝缘操作杆可拆卸摄像装置进行设备信息采集,作业人员可在地面手持绝缘操作杆进行操作,不存在登杆作业的情况,有效地减少了因高处作业造成人员伤亡和工具损坏的风险。

采用绝缘操作杆间接进行远距离拍摄,采用无线控制网进行控制,避免了与带电设备的直接接触,有效地避免了接近带电设备造成的人员触电风险。

图 2.16.2　现场测试工作

（2）经济效益

采用绝缘操作杆可拆卸摄像装置进行设备信息的采集，在设备不停电的情况下就可进行，减少了线路和设备的停电时间，增加了供电量，从而增加了经济效益。仅从马鞍山市城区配电台区的统计数据来计算，1个信息采集周期内可节约6805个工时，减少停电量381081 kWh，实现经济效益约211200元。

采用绝缘操作杆可拆卸摄像装置进行设备信息采集，不仅降低了劳动强度，减少了人工数量，还令施工工具的运输变得方便，减少了企业的管理费用。

可在计量、变电、检修等专业推广应用，使相关专业的劳动强度、工作量减小，降低了相关设备的停电采集数据要求，增加了供电量，提高了供电可靠性。

（3）社会效益

绝缘操作杆可拆卸摄像装置的研制，对架空线路及设备的信息采集可在不停电的情况下进行，提高了供电可靠性，提升了公司的服务质量。同时对采集方式进行了改进，降低了劳动强度、施工成本、管理成本，提高了工作效率，为企业、社会创造了可观的效益。目前，该项目获得安徽省质协QC成果二等奖，发表多篇学术论文。

项目团队　雏鹰创新工作室

项目成员　魏　敏　高　波　陈　昶　于　淼　凌　松　戚振彪　徐　飞
　　　　　　周远科　刘　锋　王红伟　汪隆臻　孙明柱　徐　展

项目 17
配网杆上作业多功能工具平台

国网铜陵供电公司

一、研究目的

配网检修分为停电作业和不停电作业,在高供电可靠性和优质服务的要求下,配网不停电作业日趋重要,逐渐成为配网检修的重要手段。为了解决现有配网不停电作业中绝缘杆作业法来回起吊工具费时、费力及存在不安全因素等问题,我们研制了配网杆上作业多功能工具平台。

二、研究成果

该成果针对现有配网不停电作业中绝缘杆作业法不能满足作业安全和效率的需求,通过查新并借鉴相关专利,成功研制了配网杆上作业多功能工具平台,提高了配网不停电作业绝缘杆作业法的安全性和效率。如图 2.17.1 所示。

(1)平台放置部分采用多功能、组合式设计,既有悬挂柱、悬挂孔,又有凹槽和挡板,满足各种工具的放置需求。

(2)平台传递部分采用背面挂钩与地面滑轮相配合,由地面人员控制,极大地减少了杆上作业人员的作业强度和作业时间。

(3)平台固定部位采用棘轮帆布带固定方式,安装方便,可灵活调节并安装于电杆的任意部位。

(4)平台转动部分采用三段式转动结构,转动灵活,旋转角度可达 240°,方便杆上人员取放工具。

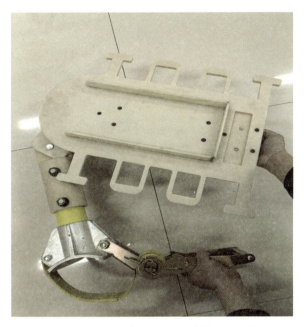

图 2.17.1 配网杆上作业多功能工具平台

三、创新点

本项目的主要创新点如下:

1. 多功能、组合式面板设计

在配网不停电作业绝缘杆作业法中,作业人员会使用到多根不同类型的绝缘杆,如绝缘挑杆、绝缘夹线杆等,像带电接火工作会使用8根绝缘杆。同时,平台还要可以放置耗材和工具包,方便杆上作业。考虑到上述要求,采用多功能面板设计,在面板两侧设计悬挂孔和悬挂柱,用于悬挂不同类型的操作杆;在面板正面设计1个凹槽,用于放置小型耗材;在面板反面中间设计1个活动挂钩,用于悬挂工具包,移动灵活,悬挂方便。

2. 棘轮帆布带固定设计

平台固定部分既要固定可靠(可承重50 kg),又要安装快速、便捷。为了满足上述要求,采用棘轮帆布带固定。平台可灵活地安装在电杆上的任意位置,安装便捷,固定可靠。

3. 平台连接轴设计

在平台转动部分中,平台连接轴不仅担负着连接平台基座和平台放置面板的作用,还要满足整个平台转动的要求,这就要求平台连接轴强度足够、连接可靠、转动灵活。因此,主要从材质、连接方式、厚度及长度4个方面对连接轴进行设计。通过正交试验,寻找最佳组合,最终采用环氧树脂材料、卡接连接和厚度4 cm为连接轴的最佳设计方案。实现了平台在最大负荷下倾斜角小于10°,转动范围大于0~180°的目标。如图2.17.2、图2.17.3所示。

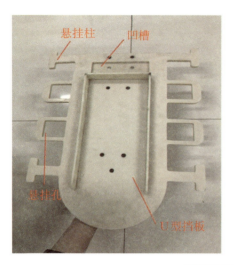
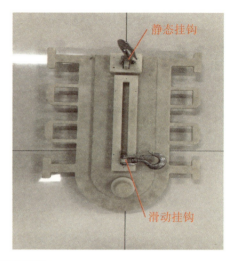

图2.17.2　平台部分

图2.17.3　平台固定部分

四、项目成效

1. 现场应用成效

本成果大大地提高了配网不停电作业绝缘杆作业法的效率和安全性,通过测算,平均每次作业可节约7.19 min。如图2.17.4所示。

2. 经济效益

(1) 多供电量收益

通过配网杆上作业多功能工具平台的研制和使用，利用平台进行配网带电作业，提高了工作效率，平均每个配网带电作业节约时间约 7.19 min。公司平均每个月开展绝缘杆作业法 20 次，共节约作业时间 143.8 min。经过计算，平均每分钟可增加供电量 25 kWh，按每度电 0.6 元计算，全年因使用本工具平台可增加效益约 25884 元。

图 2.17.4 现场作业图

(2) 减少工具购置投资

在传统作业方法中，在工作过程中上、下传递绝缘操作杆会造成操作杆不同程度的损坏，公司每年平均要替换 3 根因碰杆损坏的绝缘操作杆。使用绝缘杆作业法及本工具平台可以完全避免因上、下传递绝缘操作杆而发生碰杆并致绝缘操作杆损坏。带电作业中使用的绝缘操作杆均为进口产品，平均价格为 2000 元，使用绝缘杆作业法及本工具平台每年可节约采购成本 6000 元。

因此，每年总共可产生收益 31884 元。

3. 社会效益

采用配网杆上作业多功能工具平台，促进了绝缘杆作业法的推广，拓宽了不停电作业的范围，在绝缘车无法到位的杆塔上进行不停电作业，保障了工业和居民的用电需求，提高了配网供电的可靠性。

| 项目团队 | 圣才劳模创新工作室 |

| 项目成员 | 李　君　孟明明　袁　源　李远超　李一飞　朱井兵　傅志国 |
| | 葛鸿声　朱显锋 |

项目18
一种低压防弧伞

国网宿州供电公司

一、研究目的

在低压带电装表、接电操作过程中,因低压操作人员距离设备较近,若操作不当,易引起短路并产生电弧,对人体造成伤害,轻则烧伤操作人员的双手和面部,重则造成身体残疾,给社会、企业和家庭造成不可挽回的损失。为此项目组研制了一种可以改变电弧方向、安全性能高的低压防弧伞。

二、研究成果

该成果结构简单,为圆盘样式,且中间高四周低,有圆孔式和方孔式两种,分别适用于螺丝刀和钳子。如图2.18.1所示。

图2.18.1　防弧伞应用图

将配套尺寸的螺丝刀和钳子从圆孔中穿过，即可开始正常操作。将螺丝刀与钳子一端穿过防弧伞，当出现弧光时，通过改变爬弧路径，从而避免人体被电弧灼伤。

三、创新点

本项目的主要创新点如下：

1. 小巧

根据普通人的拳头大小设计，使用材质较软，且不易变形，不易受外力作用而损坏，不受温度、环境影响。

2. 透明

根据光的折射原理，选用透明材料，采用中间厚、边缘薄的设计，在操作过程中不影响视线。如图2.18.2所示。

图2.18.2　透明材质

3. 整体成型设计，适用多种工具

可以采用模具加工，制作方便；可以配合尖嘴钳、不同型号的螺丝刀使用。如图2.18.3所示。

4. 改变弧光方向

弧光在没有障碍物时处于散射状态，遇到障碍物时弧光会改变方向，因此防弧伞的作用就是改变弧光方向，由原来的被动防弧转变为主动防弧。如图2.18.4所示。

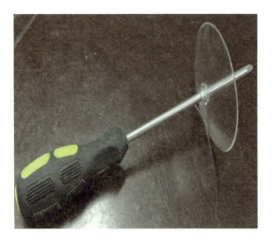 

图 2.18.3　配合不同工具使用

图 2.18.4　使用防弧伞与没有使用防弧伞对比

四、项目成效

1. 经济效益

以国网安徽电力配网建设或运维为例,每年被电弧灼伤的人员有 800 人左右,根据不同灼伤程度,人均医药费在 2000 元左右,应用该防弧伞可为国网安徽电力每年减少直接经济损失 160 万元左右。

2. 社会效益

该项目是立足用户及工作人员的实际操作,结合国家"科技创新"计划,基于实践与理论知识相结合,利用团队智慧探索新型模式的结果。

该防弧伞可以大大地降低电弧伤害发生率,有利于企业的稳定运营,对于企业及社会发展具有重要作用。目前,该项目获得实用新型专利1项,发表学术论文1篇。

项目团队	陈石科劳模工作室

项目成员	陈石科　王　全　胡　越　韩宏宇　季端宇　娄　飞　倪赵青 刘鎏坤　马翔宇

项目19
移动式工厂化预制作业平台

国网宿州供电公司

一、研究目的

2017年,国网公司深入推进农配网标准化建设进程,为严格落实国网公司"能在工厂装配的不在施工现场做,能在杆下装配的不在杆上做,能提前装配好的不现用现做"的工厂化施工理念,以国网公司典设100%应用为目标,国网宿州供电公司开展了10 kV柱上变压器台移动式工厂化预制作业平台的研发。

二、研究成果

该平台包括6大功能区域,分别为自动输线剪切区、高压线缆弯曲成型区、剥线及压线帽区、组装工作区、扁铁剪冲折生产区、拉线预制区,可完成10 kV柱上变压器台高低压引接线、接地引下线扁钢、拉线、低压出线等模块的工厂化预制。这些区域的设备都由公司自主独立研发。同时为解决一些偏远地区缺电问题,该平台还自配了太阳能和风力发电、储能及逆变系统,可启动平台上的液压工作站、空压机及逆变直流焊机,缺电时不影响平台的正常作业。如图2.19.1所示。

(1)线缆输送剪切一体机:通过PLC控制,自动设定长度、输送导线、定位导线、切割导线,确保尺寸统一,切口平整。

(2)线缆握弯成型机:自动定位导线握弯位置,采用自动定型曲线器将导线握弯弧度一次成型。

(3)线缆绝缘层剥除机:可自动定位剥除位置,完整切除绝缘层且不伤及线芯。

(4)附件组装平台:可完成引线绑扎、接线端子压接、热缩管的安装、验电环安装等工序。

(5) 拉线预制机：可完成钢绞线折弯、楔形线夹压紧以及金具、绝缘子组装。

(6) 接地扁铁冲孔折弯一次成型机：可完成接地扁铁冲孔、平弯和集中喷涂。

 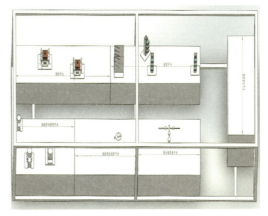

图 2.19.1　移动式工厂化预制作业平台示意图

三、创新点

本项目的主要创新点如下：

(1) 将原来的固定式工厂化预制车间，创新组装成可移动式工厂化预制作业平台。该平台占地面积小，不需要固定厂房，可移动到施工现场进行操作，对非标组件可在现场依据测量尺寸进行加工，做到工艺、质量、标准统一，施工工艺达标率达100%。

(2) 该平台增加了工厂化预制装配内容。在原有引下线和接地扁铁的基础上，探索新的装配内容，经过整合，新增了拉线制作、变压器台进出线电缆压弯、杆上横担辅助定位等装配内容，推广应用后可进一步提高工厂化装配成效。

(3) 该平台引入了绿色电源设计理念。创新性地采用太阳能和风力两种清洁能源进行发电，既落实了电能替代战略，又切实满足了野外抢修时的施工电力供应问题。

(4) 该平台内部设备由公司自行研发，自动化程度高，控制端采用PLC编程控制，折行端采用变频电机、气动和液压组件，适合对典设组件进行预制，生产效率高、稳定性强，设备操作安全、可靠。

(5) 箱式车间采用压缩式生产线编排技术，整个车间尺寸为 2.2 m×5.4 m×2.2 m（长×宽×高），占地面积仅 12 m²，可有效地改变基层供电企业在推广固定式工厂化预制作业平台时遇到的无厂房、租建厂房困难、安排专职人员管理困难等局面。尤其是对于北京、上海、天津等经济发达地区的供电公司来说，具有更好的推广应用价值,不仅解决了厂房问题,还能解决远距离配送物资时的交通堵塞难题。

四、项目成效

1. 社会效益

该平台提供了台区标准化建设中扁铁剪切、冲孔、折弯成形以及线缆剪切、握弯、剥线、压鼻以及组装等功能,同时配置拉线专用机和逆变直流焊机,让现场施工变成标准化车间施工,推动配电网建设改造由现场零散施工向集中规模作业转变。该平台减轻了员工施工难度,台区安装质量可靠,标准化程度高,降低了登高作业的安全风险,安全性也得到了很大提高,同时也保证了施工过程中的标准化,减少了项目验收的工作量。

对于强对流、洪涝等灾害频发地区,为快速恢复受损配电网、降低现场抢修工作风险,移动式工厂化预制作业平台可直接开赴现场工作,有效提高故障处理和抢修效率。

2. 经济效益

该平台可以在现场对安装组件进行预制,减少了工人在高空的作业时间,提升了安装效率。该平台可移动到现场,不需要标准化预制厂房,减少各种中间环节,同时减少厂房装修和租赁的费用。由于减少了高空作业时间,引下线制作可缩短10.5个工时,扁铁制作可缩短2个工时,拉线制作可缩短3个工时。按照目前每个工时25元的标准,单个县供电公司年需求量按300套计算,每年可节省工时费116250元。第一年节省厂房租赁及装修费用90000元,对单个县供电公司而言,节省厂房租赁、装修费用和工时费合计206250元,全省72家县供电公司推广使用后,合计节省费用14850000元。由此可见,该平台节省成本效果明显。

3. 推广应用价值

应用该平台后,公司配网标准化建设水平得到了大幅提升,配电台区优质工程一次建设占比从原来的85.2%提升到现在的98.5%,为打造智能配电网夯实了基础。各施工单位使用该平台后,总体工程建设效率较以往有大幅提高,深受施工单位好评。

针对移动式工厂化预制作业平台的实施需要,国网宿州供电公司对各县公司的试点承载能力进行了分析,经过择优评价后由国网砀山县供电公司承接试点工作,产品经调试完成并验收合格后,将供应给宿州市农配网工程使用。因此,国网砀山县供电公司成为了宿州市农配网工程提速增效的"起源地"。

项目团队	启金劳模工作室
项目成员	李毛根　凌　松　戚振彪　张　驰　赵　敏　徐　飞　甄　超 陈　宝　刘婷婷　于启万　陈兴宗　王彦刚　王宜福　梁华银

项目 20
SF₆绝缘配电快速转接装置

国网宣城供电公司

一、研究目的

随着城市工作和生活节奏的加快,人们对于电力的依赖性越来越高,这对供电企业供电的持续性、安全性和可靠性提出了更高的要求。然而由于我国电力网络规模巨大且复杂,电网设备不断增多,对于大多数城市而言,受设备老化、负荷变化以及恶劣天气的影响,停电事故依然在一定程度上广泛存在,严重地影响了人们的正常生活和生产秩序,同时也给供电企业带来了很大的负面影响。

当前,城市建设发展十分迅速,电缆覆盖率逐年提高,因此电缆之间的良好对接在供电系统中显得十分关键。在电缆对接现场,如何实现不同型号电缆终端的迅速对接,对于实现电力系统的快速检修具有重要意义。

二、研究成果

本项目提出了一种采用通用型气体绝缘处理的 SF_6 绝缘配电快速转接装置。该装置可以实现 10 kV 线路同设备、移动装置、旁路以及临时电缆的快速转接,也是 10 kV 配电现有接头的一种便携式快接装置,能够适用于各种类型的转接工况,实现电力的快速转接,保障居民安全、可靠用电,为客户提供优质服务。

SF_6 绝缘配电快速转接装置内部的主要部件是 SF_6 气箱,SF_6 气箱的正、反面均设有均匀布置的 3 组电力接头,每组电力接头包括欧式接头、美式接头及插拔接头,同组的电力接头通过铜排进行连接。

三组电力接头:欧式接头、美式接头及插拔接头,可确保 10 kV 三相电的接入,同时，基于正反两面的对称结构设计，能高效实现高压电的快速转接。值得一提的是，本装置输入及输出均设有多组接头类型（欧式接头、美式接头及插拔接头），因此可根据实际需求，选择多路输入、多路输出的多样化连接，以满足多种电力线路及设备的用电需求，在应急处理的工况下，具有更好的转接适配性和通用性。如图2.20.1所示。

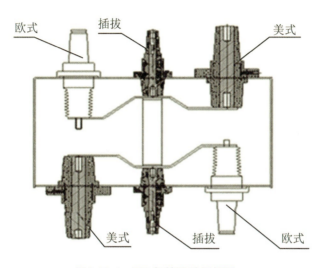

图2.20.1　SF_6气箱设计侧视图

SF_6气箱内部充有SF_6气体，气箱侧面连接有SF_6气体密度继电器，气箱正面设有三相带电显示器，可以直观地看到转接装置是否带电，在维护及安装过程中起到了一定的安全提示功能。如图2.20.2所示。

图2.20.2　SF_6气箱实物图

装置外部主要包括安全箱体，SF_6气箱固设于安全箱体内部。安全箱体作为保护壳体，可以有效地起到转接装置的安全保护及防雨功能。同时，根据SF_6气体密度继电器的数值,可以及时对SF$_6$气箱内的SF$_6$气体进行监控、补充,以确保SF$_6$气箱内的绝缘水平。如图2.20.3所示。

图2.20.3　SF$_6$气体密度继电器

安全箱体的正、反面均开设有电气柜门,安全箱体的两侧上部位置设有把手,安全箱体的底部还设有万向轮。采取此种设计可以让装置的移动更加便捷,安全箱体底部分别固设有接地螺栓及电缆铰接板,电缆铰接板上开设有穿孔,穿孔上套设有保护环。箱体底部分别安装接地螺栓和电缆铰链式活动板,上面焊接有电缆保护环的穿孔,方便电缆进出。如图2.20.4所示。

图2.20.4　安全箱体

制作前准备18个接头(欧式接头6只、美式接头6只、旁路插拔接头6只),制作1个不锈钢材质的厚度为3 mm的SF$_6$气箱,内部10 kV 1次电路上分3排开有各种接头安装孔,分别为欧式接头1排、旁路插拔接头1排、美式接头1排,对面相对应的开孔处分别安装3排对应的接头,三相中间连接一定厚度的铜排,实现气箱两面的三相互相连通：A 连 A、B 连 B、C 连 C。如图 2.20.5 所示。

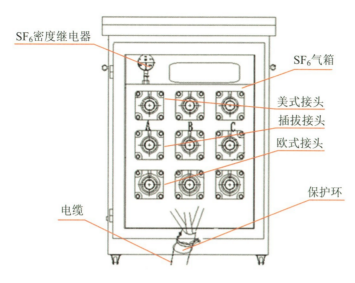

图 2.20.5　装置整体设计正面视图

经过分析与评估，最终确定该装置选取移动式箱体作为安全箱体，SF_6 气箱上部安装气体压力孔，正面安装三相带电显示器，侧面有固定孔，底部装有放气孔，底部有 4 个轮子，两边各有 1 个手提把手，前后对开门。主体内部装接好后，再制作 1 个安全箱体，将气体装置固定在安全箱体内，箱体内部分别安装 3 排接头，分别是欧式、美式、插拔式，箱体底部分别安装接地螺栓和电缆铰链式活动板，上面焊接有电缆保护环的穿孔，方便电缆进出。如图 2.20.6 所示。

图 2.20.6　装置整体实物图

三、创新点

本项目的主要创新点如下:

(1) 移动方便,省时省力。本装置在箱体4个底角分别加装了万向轮,到达现场后可轻松、方便地推至工作地点。

(2) 电缆安装和拆卸方便,并对电缆进行保护,防止其出现破损。该装置箱体底部的孔洞焊接有电缆保护环,当电缆从孔洞穿过时,可有效防止电缆被擦破和磨损,同时保证了电缆相间的绝缘。

(3) 多种接头,便于对接,使用方便。该装置安装多种电缆对接头,包含市场上通用的美式、欧式和快速插拔式。可根据实际需求,选择多路输入、多路输出的多样化连接,可以满足多种电力线路及设备的用电需求。

(4) 体积小、重量轻、可靠性高、运行稳定。封闭的气箱内充有一定量的SF_6气体,SF_6气体绝缘性能好。相比变压器油,SF_6气体重量轻,可满足现场不同工况的需要。

四、项目成效

1. 现场应用效果

经国网宣城供电公司领导批准后,在2016年6月22日,利用该装置对广德县财富公馆进行临时性供电。装置到达现场并摆好位置后,使用前先勘察故障点和用户,申请电缆和线路设备停电,经现场验电、放电、挂接地线,一段时间后(含电容性的设备和电缆放电时间,该段时间要长一些),再确定需接入该装置的两侧电缆接头类型,送电前将所有没有接入的接头全部进行绝缘封堵处理,快速将电缆对接入该装置,装置接地后方可送电,送电后关闭装置前后门,锁上装置并悬挂"高压止步危险"标示牌,附近用栅栏围住予以警示。

经测算,从装置到达现场到恢复供电共耗时42 min,达到了我们的预期目标。

此外,该装置还分别应用于桃源名都小区公用变电站、荷花二区用户变电站、茗桂花园小区公用变电站的故障处理。

2. 应用效益

(1) 经济效益

SF_6绝缘配电快速转接装置通过实际运行,效果非常理想。对金茂财富公馆停电检修事件进行经济效益评估如下:

金茂财富公馆于2016年6月22日临时供电约11 h 40 min,经统计平均有功功率为 340 kW，则供电量为 3967.8 kWh，电价按 0.55 元/kWh 计算，则抢修期间给公司挽回电费损失约 2182.29 元。同时节省电缆 3 节共计 9 m，按电缆单价 300 元/m 计算，则减少电缆损失 2700 元。如果 1 年发生 15 次类似检修工况，将给公司挽回损失共计约 7.3 万元。

（2）社会效益

SF_6 绝缘配电快速转接装置在为故障台区进行临时供电时，大大减少了用户的停电时间，减少了企业因停电造成的损失，提高了公司的社会满意度，减少了投诉量，践行了"你用电，我用心"的企业理念。

（3）其他效益

在举办大型活动需要保电时，通过使用 SF_6 绝缘配电快速转接装置，一方面可以快速、方便地进行施工，满足保电需求；另一方面该装置可以重复利用，减少了投资额。

项目团队　徐宁创新工作室

项目成员　徐　宁　黄凤标　程　坚　李　敏　葛照庆　金志才　杨小葛　胡贵杰　胡　泉

项目21
一种极早期火灾预警系统

国网淮北供电公司

一、研究目的

电力系统结构复杂、火灾成因多,须要排查早期火灾隐患,以尽量降低电力系统的损失。而现有吸气式火灾预警设备对电气火灾检测灵敏度不足、误报频繁、维护频繁,不适合电力系统的火灾预警;在高层建筑的电缆沟道、竖井等区域,目前还没有合适的电气火灾预警方案,存在火灾隐患。

为了解决电力系统现有吸气式火灾预警设备灵敏度不足、误报频繁、火灾预警整体解决方案不完善等问题和满足高层建筑的电缆沟道、竖井等区域内的火灾预警需求,需要研制一种更先进、更科学的极早期火灾预警系统。

二、研究成果

本项目研发的是一种新型的极早期火灾预警系统,通过搭建实验室模型、实验室测试和配电网现场实际测试,对火灾预警的效果明显。该系统因为灵敏度高、预警准确、维护方便等特点非常适合配电网的火灾预警,同时该系统因为采样管是无源绝缘管道,可通往任意区域,彻底解决了配电网电缆沟道、电缆夹层等区域的火灾预警问题,保障了配电网的正常运行。如图2.21.1所示。

该系统的硬件设计结构简单、便于操作、方便安装。外壳采用ABS塑料,工作功率22 W,工作电源采用DC 24 V,安装方式采用壁挂,外形尺寸为275 mm×385 mm×120 mm(长×宽×深),设有LED状态指示,显示屏采用7英寸液晶触摸屏。如图2.21.2所示。

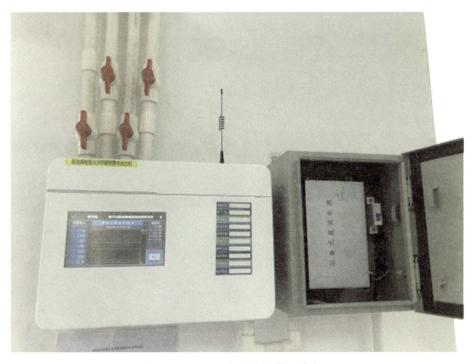

图 2.21.1　极早期火灾预警系统主机

→ 主动采样探测，无源采样分析，多途径报警，定期报告安全态势
① 优于点式和红外对射被动方式
② 优于红外图像，可以界定损坏温度，以及场景无遮挡
③ 优于类似产品，可以解决保持灵敏和防止误报之间的矛盾

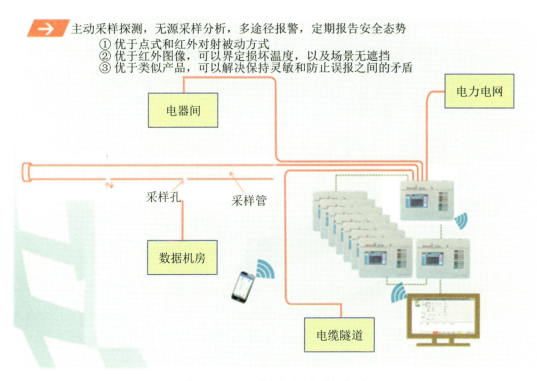

图 2.21.2　工作原理及方式结构图

项目 21　一种极早期火灾预警系统

205

三、创新点

本项目的主要创新点如下：

1. 极早识别火灾隐患点

研发的基于热释粒子火灾早期预警技术，提升了电气火灾预警的准确度和灵敏度，实现早期预警、早期发现、极早处理，把可能发生的火灾风险降至最低、火灾影响降到最小。

2. 无水云雾技术解决误报问题

热释离子检测技术从根本上解决烟雾颗粒和粉尘微粒的相互干扰，准确检测电缆受热、受损产生的热释（或热解）离子，判断是否存在电缆火灾征兆。

3. 空气采样技术解决环境干扰问题

该系统采用无源的绝缘PVC采样管网来作为热释离子的采样通道，解决复杂环境中强电场、强磁场干扰以及高电压等影响，可满足各种环境条件下的采样要求。

4. 实现火灾预警多种通信信号传输

该系统兼容8种通信方式，把系统运行状态和报警信息及时地反馈给后台系统或客户指定的用户。

5. 火灾预警设备免维护

系统具有自清洁、自动巡检、寿命预计等功能，减少人工维护工作量，同时通过技术手段降低了设备损耗，使运维成本极低，减少了维护工作量。

四、项目成效

1. 现场应用效果

从2018年8月开始，公司在淮北市方安小区二期工程10 kV配电房和强电竖井里安装了该系统。与传统火灾探测系统相比，该系统做到了更灵敏、不误报、应用方式灵活，为电网提供了全面、到位的火灾预警监测，使配电房和电缆竖井的火灾预防能力大大提升。

2. 应用效益

（1）安全效益

降低了电力设备和高层建筑发生火灾的风险，提供了宝贵的火灾疏散时间，有效避免了高层建筑火灾给居民带来的人身伤亡风险。

（2）经济效益

有效避免了高层建筑火灾带来的财产损失，保障了电网安全运行。该系统不会因粉尘、水雾等发生误报。与传统火灾探测器相比，运维值班人员不再因火灾误报而频繁奔波于现场，并减少了由此产生的费用。

（3）社会效益

该系统可提升电网的火灾预防能力，延长电网的安全、持续运行时间，增加客户对电力公司的满意度，带来良好的社会效益。且可降低高层建筑发生火灾的风险，减少因高层建筑火灾造成的不良社会影响。该革新技术的创造性应用，响应了国家"创新驱动发展战略，坚定不移走科技强国之路"的号召！

| 项目团队 | 国网淮北供电公司运维检修部 |

| 项目成员 | 陈 强　李 宾　黄礼祥　朱正友　黄国华　纪永新　庞红梅
张端祥　孙浩瀚　李 猛　陈 松　陈 顺 |

输电篇

项目 1
输电线路智能移动巡检系统

送变电公司

一、研究目的

为完善送变电公司交、直流,超、特高压重要输电通道运维管理方面存在的不足,强化输电线路状态管控,常态化开展重要输电通道满负荷保电工作,着力优化运维人员管理、现场巡检管理、统一调度管理等管理模式,提升公司现有运维管理体系运行的有效性和可追溯性,运用"互联网+"信息化管理手段,公司研发了输电线路智能移动巡检系统。该系统充分利用GPS(卫星定位)、GIS(地理信息系统)、4G网络通信等先进技术,并结合现代智能手机应用,具备位置管理、移动巡检及数据分析三大管理功能,实现了电力线路巡检的远程可视化管控与实时调度,确保输电线路运行安全、稳定。

二、研究成果

该系统通过手机客户端内置GPS+基站双模定位功能,按照系统后台配置的定位规则(定位日、定位时间段、定位频率、定位人员对象)自动进行定位并上传到后台系统。管理人员可以在手机上查看定位人员的位置分布,手机地图上显示所有人员当天的最新位置点,以及当天在线、未开机和下线的人员。

采用智能化技术开展全方位巡视,巡检人员通过移动巡检APP客户端选择杆塔,对巡检现场进行拍照并在上传服务器后自动归档。每次杆塔巡检需要拍摄8个重要部位,以保证杆塔巡视的质量。

三、创新点

本项目的主要创新点如下:

1. 实现杆塔到位率的智能分析

利用 GPS、GIS、4G 网络通信等先进技术,结合智能手机应用,实现电力线路巡检的远程可视化管控,通过数据智能分析杆塔到位率,通过设置杆塔巡视周期进行巡检预警,通过比对巡检人员的活动轨迹与杆塔的位置坐标来自动统计巡检人员的出勤天数、出勤率、巡视杆塔数并形成报表。如图 3.1.1 所示。

图 3.1.1 巡视到位率分析图表

2. 自动判定杆塔到位并实时上传后台数据

巡检人员携带终端到达杆塔位置,系统自动判定该基杆塔已巡视并将巡视数据上传后台,以进行巡检数据分析比对。如图 3.1.2 所示。

3. 实现线路巡检的远程可视化智能管控与实时调度

结合历史经验提取常见高风险类型,运用防山火智能预警和防外破智能预警,智能分析风险形态、视频流和监控图像。通过不同的算法和模型进行计算分析,实现线路缺陷全时段、全方位管控的信息化、智能化,通道隐患管理的信息化,监控目标的智能化。

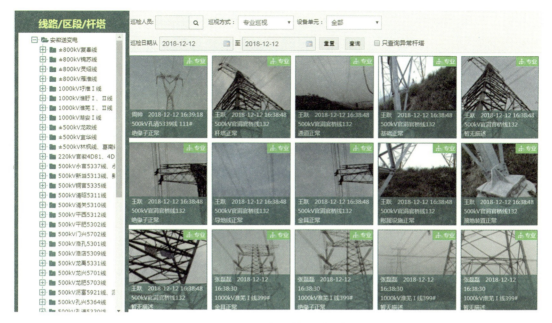

图 3.1.2　巡视图片实时上传

四、项目成效

1. 经济效益

输电线路智能移动巡检系统的建设及深化应用需要投入一定的软、硬件开发及维护成本,但这个成本比传统输电线路巡检的成本要小很多。主要体现在:一是人员精简,即人员使用成本和人员管理成本降低;二是减少因人为责任导致的线路跳闸事故造成的运维成本增加,大大减少因输电线路故障而投入的人力、物力和时间。以±500 kV葛南线发生1次跳闸为例。运维单位开展故障查线,一般要3天,需要技工25人,每人每天300元,一次故障查线光人工费就需要22500元。另外,线路均采用V串合成绝缘子,发生跳闸故障时,可能会对合成绝缘子造成损伤,需要对其进行更换。根据经验,停电更换1只合成绝缘子大约需要2 h,需要技工6人(1800元)、工程车1辆(500元)、提线器1套(10000元),总计支出12300元。若将停电时间成本换算为金额的话:葛南线输送功率为3200 MW,根据经验,按华东地区售电价0.38元/kWh计算,停电造成的电费损失约122万元。

2. 社会效益

该系统应用范围覆盖公司所属12个运检站,6744 km线路,共计316人使用。系统上线后,取得了很好的应用效果,提高了工作效率,精简了巡视人员,加快了响应速度,实现了隐患、险情早发现、早处理,巡检计划智能闭环管理,运检站三级护线人员的有效管理等功能。该系统最大限度地融合各类信息,基本实现技防、物防与人防的有机结合,使线路防护达到可感知化和线路巡检智能化。同时,巡检质量得以提高,实现公司所辖特高压交、直流线路和重要输电线路零跳闸,提高电网的安全稳定运行水平,对于我国国民经济及社会发展具有重要作用。目前该成果已在公司所属12个运检站应用,并在全省范围内推广应用,部分做法已在国网系统中推广。

项目团队 吴维国劳模创新工作室

项目成员 孟 令 晏节晋 朱 正 吴维国 吴继伟 卢鹏飞 张振威 胡成城 阴酉龙

项目 2
基于北斗定位技术的输电线路舞动监测装置

送变电公司

一、研究目的

架空输电线路舞动具有能量大、破坏力强等特点,已成为威胁电网安全运行的主要因素。一旦发生,可能造成跳闸、断线、倒塔甚至大面积停电,导致重大损失。

由于舞动时间不可预知,难以及时发现;舞动地点不可预知,难以精准定位;起舞规律没有完全掌握,难以提前预防,这些都导致舞动研究停滞不前。

项目组经过不断探索、试验,首次将我国自主研发的北斗卫星定位技术用于输电线路舞动监测,研发出基于北斗定位技术的输电线路舞动监测装置,可第一时间发现舞动,锁定舞动位置,发送告警信息,实现舞动早知道。

二、研究成果

该装置包含移动站、基准站和集控平台 3 大部分。移动站采用球形设计,安装在导线上,可实时获取坐标站点位置、导线覆冰状态和舞动轨迹等数据。如图 3.2.1 所示。

基准站布置在导线 5 km 范围内的高地上,以提高定位精度。基准站内置了全球导航卫星系统(GNSS)信息采集模块,实时接收北斗卫星定位数据,通过数据链传送到集控平台。如图 3.2.2、图 3.2.3 所示。

图 3.2.1　导线上的移动站

图 3.2.2　基准站仰视图

图 3.2.3　基准站俯视图

集控平台利用动态差分算法,对数据进行分析,当舞动幅值超过安全距离时,立即发出告警,实现舞动早知道。

三、创新点

本项目的主要创新点如下：

1. 早——国内首次实现舞动提前告警、主动管控

基于精准的北斗定位技术、在线监测与视频监控联动技术,使运检人员在舞动初期就可以知道。一旦超出警戒值,该装置立即发出告警信息,提醒运检人员立即采取应急措施打破舞动条件,避免大面积电网停电事故发生。如图 3.2.4 所示。

2. 准——国内首次实现舞动精准定位

国内首次将北斗定位技术与舞动防控技术相结合,使运检人员可以精准定位

到具体线路,结合环境气候单元,准确判断舞动,不会发生误报、漏报。利用北斗差分技术,舞动幅值能精确到厘米级。如图3.2.5所示。

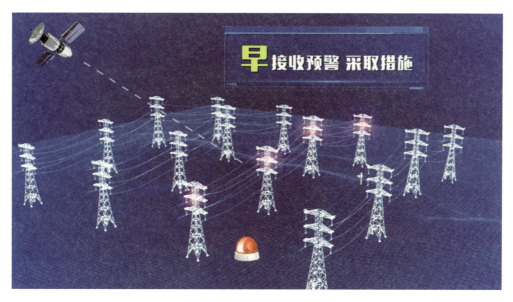

图3.2.4　发现、预警流程图

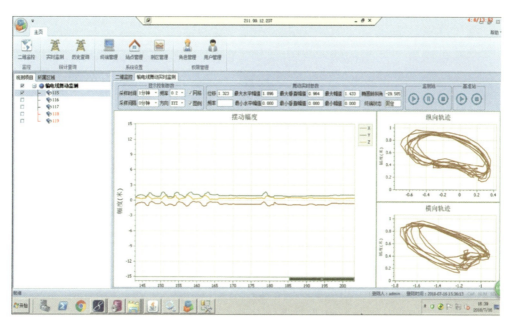

图3.2.5　数据回传分析、舞动精准定位

3. 防——采取避险措施,并为相关工作提供数据支撑

收到告警后,调度部门就能实施负荷分流,实现电网不崩溃、用户不停电。运检部门及时安排线路融冰,破坏起舞条件,实现线不断、塔不倒。同时,可提供大量

实时工况下的舞动数据,为舞动研究提供支持。如图3.2.6所示。

图3.2.6 联络调度部门开展线路融冰

四、项目成效

1. 经济效益

以安徽电网曾经发生的线路舞动为例,无论是前期巡视,还是后期抢修,都投入了大量的人力、物力。如果安装了该装置,那么就能及时发现、处置线路舞动隐患,每年可节约巡视、抢修成本约7000万元,可避免直接经济损失近1亿元。

2. 社会效益

目前,该项目已获得实用新型专利1项、发明专利1项,发表学术论文多篇。

通过该装置的应用,可以大大地提高电网的安全、稳定运行水平,对于国民经济及社会发展具有重要作用。另外,该装置可全过程采集舞动现场的第一手数据,这对于研究舞动机理,制定有针对性的防舞动措施具有重要意义。

| 项目团队 | 吴维国劳模创新工作室 |

| 项目成员 | 严波 杜洋 吴维国 朱理宏 晏节晋 张振威 阴酉龙 张太雷 |

项目 3
新型登塔防坠攀爬装置

送变电公司

一、研究目的

输电线路登塔检修作业主要依靠人力登塔,劳动强度高,工作效率较低,疲劳状态下,作业人员反应灵敏度降低,增加了安全隐患。

人力登塔依靠防坠落装置实现防坠安全保护,已有的防坠落装置存在自锁器通过性较差、坠落距离长和冲击力较大等问题,无法为人力登塔作业提供全面、有效的安全保护。

项目组经过不断地探索实践,结合人力登塔作业特点,在输电线路人力登塔作业领域,首次将人力登塔作业助爬功能与防坠保护功能结合起来,成功研制了新型登塔防坠攀爬装置。

新型登塔防坠攀爬装置为登塔作业人员提供了有效的安全保护,同时该装置具备助爬功能,可降低登塔作业人员的体力消耗,提高作业效率。

二、研究成果

该装置由助爬器、新型自锁器和导轨组成。在人力登塔过程中,助爬器安装在导轨上并位于作业人员上方。助爬器始终给作业人员提供一定的提升力,助爬器速度与登塔作业人员攀爬速度同时变化,从而降低作业强度,减少人员的体力消耗。如图 3.3.1、图 3.3.2 所示。

图3.3.1 助爬器

图3.3.2 新型登塔防坠攀爬装置

新型自锁器用于提供防坠保护,保障作业人员安全。自锁器正面和侧面均采用滚动摩擦,运动顺畅性显著提高。根据登塔作业特点研制了专用缓冲器,可有效降低发生坠落事故时产生的冲击力和缩短坠落距离,避免了冲击力伤害和二次伤害。自锁器可单独使用或与助爬器配合使用。如图3.3.3所示。

导轨是新型助爬器和新型自锁器的共用轨道。导轨由高强度铝合金材料压制加工而成,相比传统的刚性导轨,其重量轻、精度高、防腐性能好。如图3.3.4所示。

图3.3.3 新型自锁器

图3.3.4 导轨

三、创新点

本项目的主要创新点如下：

1. 国内首次在输电线路上实现人力攀爬助爬功能与防坠保护功能相结合

新型登塔防坠攀爬装置同时具备人力攀爬助爬功能与防坠保护功能，在国内输电线路上尚属首次应用，填补了输电线路助爬设备领域的空白。在人力登塔过程中，助爬器为登塔人员提供提升力，降低了作业强度；新型自锁器还为登塔人员提供了可靠、有效的防坠保护功能。如图3.3.5所示。

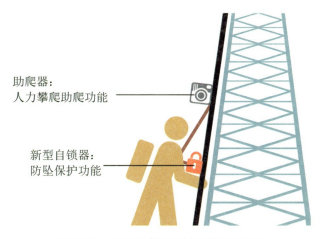

图3.3.5 新型登塔防坠攀爬装置功能图

2. 新型自锁器结构创新

新型自锁器与导轨的接触位置均采用滚动摩擦，可有效降低自锁器与导轨间的摩擦阻力，提高自锁器的通过性。具有自主知识产权的自锁器专用缓冲器可有效降低坠落冲击力，减少自锁器和导轨受力，同时避免冲击力对登塔人员造成伤害，降低作业人员受二次伤害的风险。

3. 导轨功能复用

导轨作为助爬器和新型自锁器的共用轨道，具备双重功能。一方面助爬器与自锁器可以同时使用，体现其攀爬助爬与防坠保护功能；另一方面也可以单独在导轨上使用新型自锁器，单独发挥其防坠保护功能。

四、项目成效

1. 经济效益

该装置的应用可减轻登塔作业人员50%的工作载荷,提高1倍的工作效率,在有效的工作时间内,让作业人员能完成更多的巡检工作,有效地缓解日益增加的登塔巡检作业量与人员短缺之间的矛盾;有效地改善登塔巡检人员的作业条件,减轻人员工作强度,保障人员安全;同时提高线路检修技术水平,提升线路检修质量,增强线路应对自然灾害的能力,有利于保障输电线路的运行安全。

2. 社会效益

电力供应直接关系到社会、经济的正常运转。输电线路检修作业效率的高低和质量的好坏将对供电质量产生很大的影响,并间接影响人们的日常生活和经济活动,因此推广该项新技术成果将带来很大的社会效益。

目前,该项目成果已经申请并受理国家发明专利3项,实用新型专利3项。

项目团队 吴维国劳模创新工作室

项目成员 吴维国　林世忠　晏节晋　梅　佳　董南北　常叶枫　阴酉龙
徐作胜　张太雷　马鹏飞

项目4
新型绝缘子取销器

国网蚌埠供电公司

一、研究目的

架空输电线路是输电网的核心组成部分,直接发挥着输送电能的作用,绝缘子是用于输电铁塔和导线之间的绝缘隔离,其良好的绝缘性能十分重要。在输电线路运行过程中,要经常对绝缘子进行检修或更换,而在对绝缘子串组装连接时,将相邻两片绝缘子的碗头与球头相连,连接后须插入销子,才能闭锁连接处。如果没有销子,则碗头与球头无法锁死,绝缘子容易脱落,非常危险。近年来输电线路绝缘子弹簧销逐渐由M型向R型转变。但R型销没有专用工具,检修人员拔取销子时极为不便。作业人员只能等电位进入电场,使用钳子、扳手、螺丝刀等工具,在销孔处通过钩、撬、拔等方式来取销,费时、费力,破坏性强,易造成镀锌层损伤,且作业人数多,劳动强度较大。

为了有效解决R型销摘取过程中出现的费时、费力、危险系数高的问题,经过多次探讨与研究,项目组决定研制一种新型绝缘子取销器,并从3个方面进行改进:匀速缓慢控制R型销摘取力度、减少作业人数、减少作业时间。

二、研究成果

本项目研制的新型绝缘子取销器由卡托装置、取销器转动组合装置、新型取销器钩头等部分组成。通过勾头、卡托、勾头连杆、外筒、丝杠、绝缘杆接口等部件的组合,勾头连杆与丝杠活动连接,丝杠与外筒螺纹连接,丝杠尾端带有绝缘杆接口,卡托焊接在外筒的前端,勾头连杆从卡托中活动伸出,将勾头插入R型销的定圈内,卡托顶住绝缘子碗头,转动丝杠,R型销即可顺利取出。

1. 研制卡托装置

卡托装置的主要作用是,在操作杆旋转过程中,使取销器前端与绝缘子碗头相接部分有一个受力支点,能够形成反向力矩,从而使取销器丝杆转动。因此,只要尺寸设计合理,制作能够与绝缘子碗头紧密贴合并不会滑脱的卡具就可实现目标。

2. 设计丝杆安装位置

丝杆安装在螺纹槽内,通过旋转绝缘操作杆,带动丝杆转动,形成向前或向后位移,从而将绝缘子R型销缓慢取出。只要螺纹尺寸和丝杆长度设计合理,就可以利用螺旋力矩来取销。

3. 设计钩头与丝杆连接方式

钩头与丝杆活动连接,能够使丝杆在转动过程中保持钩头固定不动,从而配合丝杆顺利旋转,使卡托与绝缘子碗头之间的反向力矩不阻碍丝杆转动。只要钩头尾部尺寸和丝杆头部尺寸设计合理,即可以实现钩头与丝杆活动连接。

三、创新点

本项目的主要创新点如下:

1. 卡托装置

我们采用C型卡托,将C型卡托卡入绝缘子碗头时,可以精准地将勾头勾在R型销上。通过对不锈钢板进行加工,研制新型取销器的前端与绝缘子碗头相连接的卡托装置。如图3.4.1所示。

图3.4.1 卡托加工成品

2. 取销器转动组合装置

我们将丝杆安装在操作杆前端,能够保证取销器在操作过程中,丝杆可以平稳转动,操作轻便、省力。如图3.4.2所示。

图 3.4.2　钩头与丝杆活动连接图

3. 新型取销器的钩头部分

我们将钩头与丝杆活动连接,在旋转操作杆时,带动丝杆转动,钩头不转动,钩头通过 R 型销定圈将 R 型销取出,操作简单、灵活。如图 3.4.3 所示。

图 3.4.3　新型绝缘子取销器

四、项目成效

1. 现场应用效果

该工具经过现场适用性和安全性检查,并经国网蚌埠供电公司安质、运检部门批准后,在 220 kV 田官 2777 线 72#塔、79#塔和 83#塔绝缘子更换工作中,使用本工具对 R 型销进行取销。如图 3.4.4 所示。

图 3.4.4　新型绝缘子取销器应用现场

通过与传统的等电位绝缘子取销方式进行对比,作业人数从5人降至2人,作业总时间从30 min降至9.33 min,大大地提高了工作效率。

2. 应用效益

(1) 安全效益

采用新型绝缘子取销器后,顺利地实现了地电位作业摘取绝缘子R型销,避免了作业人员进入强电场带电作业,大大减轻了劳动强度、提高了作业安全性,有效地保障了作业人员的人身安全。

(2) 经济效益

采用该工具后,简化了作业流程,提高了经济效益。从公司相关部门获取的数据显示:蚌埠电网平均每条线路输送功率为2456.9 kW,每次使用新型绝缘子取销器作业节约工时费约600元。2018年,国网蚌埠供电公司共计停电更换绝缘子作业11次,每次停电3 h,在使用新工具后,全年累计可减少线路停电时间33 h,增加经济效益约34518.76元。

项目团队	甘正功劳模创新工作室

项目成员	甘正功　武维付　朱春潮　杨　凯　刘怀远　傅　磊　李小龙 陈承伟

项目 5
液压式架空地线提升工器具

国网蚌埠供电公司

一、研究目的

架空地线是输电线路的重要组成部分,它可使输电线路免受雷电直击,分流雷电流,减少流入杆塔的雷电流,降低塔顶电位,降低导线感应电压。架空地线线夹由于长时间使用,会产生一定的磨损,国网公司对于架空地线线夹采取定期更换的方式,以免发生线夹断裂。目前,由于没有好用的工具,全国各地都采用各种各样的"土办法"来进行更换。由于是带电更换,对于工具的要求很严格,一旦因工具问题导致意外发生,将造成严重的后果。

因此,我们在提升地线作业方法、与地线接触的提升工具以及工具安装位置方面进行改进,研制出一种安全防脱落悬挂装置且可以安装于多种塔形的新型地线提升工器具,以方便更换线夹,提高劳动效率和作业安全性。

二、研究成果

本项目研制的液压式架空地线提升工器具包括架空地线悬挂机构、液压升降机构和安装卡具。通过安装卡具将该工器具安装在架空地线线夹的上方塔头上,将导线放入悬挂机构内,使用液压升降机构,将悬挂机构向上托起,完成架空地线的提升,以便更换线夹。如图 3.5.1、图 3.5.2 所示。

(1) 防脱落悬挂机构:研制可调整长度的悬挂机构,下端的挂环用螺栓锁定,防止脱落。

(2) 液压升降机构:研制小型手动操作的液压升降机构,可承受 2 t 载荷。

（3）安装卡具：研制倒凹型卡具，方便将其卡在塔头的倒 T 型角钢上。

本项目的难点在于：① 用液压传动作为传力机构升降地线；② 用吊臂、吊链组合作为悬挂机构，实现长度可调的防脱落悬挂机构；③ 横担卡具的凹槽结构设计；④ 将双吊点设计作为整体结构设计。

图 3.5.1　装置外形图

图 3.5.2　悬挂机构组合图

三、创新点

本项目的主要创新点如下：

（1）把液压千斤顶集成在提升装置中，通过顶杆的上升实现地线提升，稳定性较好,响应时间短,工作安全稳定。

(2)防脱落悬挂机构采用吊臂、吊链组合,通过移动吊臂,实现垂直提升地线,受力均匀、可靠。

(3)横担卡具采用凹槽结构设计,该设计方案根据角钢塔地线横担倒T型结构设计,合适的尺寸适应不同杆塔类型,稳定地把地线提升工器具固定在横担头上,固定稳定,安全裕度高。

(4)整体结构方案采用双吊点法,通过双重配置提升及悬挂机构,组成双吊点,安全系数高,提升能力强。

四、项目成效

1. 现场应用效果

经国网蚌埠供电公司安质、运检部门批准后,使用该工器具分别在5条运行线路上对老旧的地线线夹进行更换检修作业,结果如表3.5.1所示。

表3.5.1 现场检修工作表

电压等级	线路名称	杆塔型号	检修内容	用时(min)
220 kV	怀高4765线	ZM3	更换地线线夹	19
220 kV	蒋固2CQ3线	ZMP2	更换地线线夹	16
220 kV	禹陈4723线	PSL	更换地线线夹	22
110 kV	嘉石528线	ZS3	更换地线线夹	18
110 kV	秦燕553线	ZGU2	更换地线线夹	16
合计			检修成功率	100%

通过对上表中的测试数据进行分析,可以得出:在地线检修作业中,使用该工器具可以较快地完成检修,任务平均用时18.2 min,未发生任何安全事故。

2. 应用效益

(1)经济效益

该工器具投入运行后,提高了企业的经济效益,主要表现在以下两个方面:

提高了工作效率,通过使用该工器具,避免了多人登杆与上、下传递丝杠等操作,简化了作业流程,节省了人工费用。

多售电带来的效益,以220 kV线路为例,使用本工器具更换地线线夹,可节省时间约1 h,线路负荷按30000 kW计算,可多售电30000 kWh,电价按0.6元/kWh计算,增加售电收益18000元,按照每年使用该种方式作业10次计算,可增加经济效益18万元。

(2) 社会效益

该工器具给企业带来良好经济效益的同时,也为地区经济发展作出了贡献。它的应用,提高了供电可靠性和企业收益,在保障设备安全运行、避免重大事故发生的同时,也在很大程度上避免了检修过程中的风险,节约了设备运行、维护成本,社会效益显著。

项目团队	甘正功劳模创新工作室
项目成员	甘正功　武维付　朱春潮　张　超　龚　奎　曹宗山　田沥浚　马仲涛

项目6
输电线路钻桩式警示标桩支架

国网阜阳供电公司

一、研究目的

近年来阜阳城市建设向城郊快速扩展,输电线路通道环境面临着严峻考验。深入推进触电风险隐患排查和治理是国网公司的重点工作之一,国网安徽省电力有限公司也要求将减少人身触电伤害作为一项重点工作。国网阜阳供电公司输电线路保护区内的线下钓鱼、违章建房等隐患达到7243处,这些隐患时刻威胁着人民生命财产安全和输电线路的可靠运行,因此开展现场警示及宣传教育活动,安装警示标桩,是从根源上防范外力破坏事故的重要手段。

公司在输电线路通道隐患点安装了各种警示标桩近7000块,但因警示标桩安装不牢固,经常出现倾倒与丢失现象,丢失警示标桩近半,警示效果较差。如图3.6.1所示。为此公司开展了劳模创新项目——输电线路钻桩式警示标桩支架,以避免警示标桩丢失,提高警示效果。

二、研究成果

本项目旨在提出研制一种输电线路钻桩式警示标桩支架,将地钻应用到警示标桩支架上,代替现在使用的直埋方式。新型支架不需要使用铁锹、铁铲等工具开挖地面,直接钻入土中即可,施工方便,且牢固耐用。输电线路钻桩式警示标桩支架操作简单方便,改变了警示标桩的传统安装方式,大大减少了安装时间,作业方式简捷,安装后牢固不易倾倒,减少了安装警示标桩的时间和人力,大大提高了劳动效率,同时大大地减少因安装不牢导致的警示标桩丢失,带来了很大的经济效益和社会效益。

图 3.6.1　警示标桩（牌）发生倾倒、丢失现象

本项目将地钻应用到警示标桩支架上，代替现在的直埋方式。地钻入地深度 0.7 m、地面高度 1.4 m，在离支架顶端 5 cm 处留有 Φ10 mm 的螺丝孔（便于支架的固定）。螺旋式钻桩钻入地下后通过端部开口螺纹与支架连接，警示标桩内安置两处固定板，将警示标桩套入安装好的警示标桩支架，从而起到加固作用以防止倾倒。如图 3.6.2 所示。

图3.6.2　输电线路钻桩式警示标桩支架

输电线路钻桩式警示标桩支架的关键技术与难点在于：

（1）研发合适的螺旋式地钻及其支架，该支架可以通过增加或缩短支架长度来适应不同高度的警示标桩，同时坚固耐用。

（2）改装警示标桩结构，警示标桩内安置了两处固定板，将警示标桩套入安装好的警示标桩支架，从而起到加固作用以防止倾倒。

（3）在支架上端开孔安装闭锁螺杆，起到固定、防盗的作用。

三、创新点

本项目的主要创新点如下：

（1）采用手摇杆将螺旋式地钻埋设在地下。该装置操作简单、方便，改变了警示标牌、警示标桩的传统安装方式，大大减少了安装时间，作业方式简捷。

（2）螺旋式钻桩钻入地下后通过端部开口螺纹与支架连接，警示标桩内安置两处固定板，将警示标桩套入安装好的警示标桩支架。安装牢固且不易倾倒。

（3）旋动手摇杆可以缩短或者拉长移动卡板与固定挡板的距离，通过增加或缩短支架长度以适应不同高度的警示标桩。

（4）警示效果更加明显。同样尺寸的警示标桩在安装后可增加30%的地面高度（无须埋深50 cm）。

四、项目成效

1. 现场应用效果

2017年1月,公司组织专家现场对该装置进行了安装测试,详细测试了该装置的抗倾覆性能、防盗性能、警示效果等。经过测试,该装置能够实现设计目标,完全符合技术要求,可以投入使用。如图3.6.3所示。

图3.6.3 输电线路钻桩式警示标桩支架应用现场

2. 应用效益

(1)增加经济效益,减少倾倒后丢失的警示标桩数量。有效节约资金,每年公司安装警示标桩约2000块,因安装不牢固,造成警示标桩丢失约300块,每块标桩按150元计算,每次补装的人工及车辆费为500元。使用输电线路钻桩式警示标桩支架后,每年可节约费用约19.5万元。

(2)提升企业社会形象,提高客户满意度。心系人民,主动作为,减少人身触电伤害,在满足经济社会发展对电力需求的同时,采取务实有效的措施,大幅降低触电风险,切实保障人民群众生命安全。

目前,该装置已在110 kV阜泉798线、阜颍795线、阜颍795线等10多条线路投入使用,安装作业方式简捷,安装后警示标桩坚固耐用,抗倾倒能力强,减少了安装警示标桩的时间和人力,大大提高了劳动效率,同时大大减少了因安装不牢导致的警示标桩倾倒、丢失。

通过互联网同类型产品查新,结果显示,该项目成果在国内尚无应用实例,目前已获得国家实用新型专利1项,发表论文1篇,荣获2017年国网安徽省电力有限公司群众创新奖三等奖。

项目团队 阳光微尘专家人才工作室

项目成员 徐云峰　郇保宏　李士强　王允彬　邹　龙　韩凤华　訾红亮

项目 7
输电线路分体式多角度接地线

国网合肥供电公司

一、研究目的

在 35~220 kV 高压输电线路停电检修工作中,挂、拆接地线是保证检修作业人员安全的一个重要步骤和手段。为保证检修作业人员的安全,根据《国家电网公司电力安全工作规程(线路部分)》要求,挂接地线必须履行"停电、验电、接地"操作流程。

目前,实际工作中使用的大多是传统型接地线,主要由固定式接地线端头、接地线软铜线、绝缘操作杆和接地端夹板组成,其结构不合理,绝缘操作杆长期暴露在室外易影响绝缘性能,且在杆塔上作业时只能进行接近垂直方向(耐张塔的跳线或直线塔的导线)的操作。在实际操作中,应用传统的接地线装置,在耐张塔横担上的检修人员不能将接地线挂到绝缘子串外侧导线上(大转角耐张塔外侧导线除外),即使勉强挂上也无法与导线可靠连接,且绝缘操作杆不可拆卸,作业人员挂、拆接地线费时费力,并存在一定的安全风险。

为了有效地解决传统接地线挂设、拆除的弊端和不足,降低检修人员作业风险,实现输电线路停电检修工作的安全、方便、快捷,项目组研制出一种输电线路分体式多角度接地线,其配置的绝缘操作杆能够一杆多用且具备可拆卸功能,同时该接地线能够实现多角度转向功能,体积小、省时省力,能够应用于实际生产工作中。

二、研究成果

本项目成功研制了输电线路分体式多角度接地线。该装置具有多角度变换功能,解决了传统接地线部分线路难以挂设及挂设后易脱落的问题,消除了安全隐患。同时,分体机构设计让接地线体积大大减小,便于携带,挂设、拆除便捷,节省了作业人员体力,大大减少了停电时间和检修作业人员数量,消除了众多的安全隐患。

三、创新点

本项目的主要创新点如下:

(1) 该装置的棘轮传动装置一端与连接装置连接,另一端与绝缘操作杆相连。棘轮传动装置由2个互相咬合的齿轮和4个L型联板共同构成,2个互相咬合的齿轮可实现任意角度旋转,4个L型联板两两通过螺栓相连,以保证2个互相咬合的棘轮在旋转过程中不会脱落,实现线夹开闭头与绝缘操作杆之间的夹角在0~180°任意可调。

(2) 绝缘操作杆内部设计有传动行程,可在手摇过程中降低工作人员劳动强度,在操作结束后防止连杆滑动。

(3) 绝缘操作杆外侧的空心杆以及内侧的传动杆均采用环氧树脂材料制作,对其分别进行绝缘性能、拉力测试,均没有发生变形和开裂,有较好的机械和电气性能。

(4) 螺旋压紧式接地线夹的导线动夹被改造成半环形动夹,推进半环形动夹后,线夹与导线充分接触,能够将导线牢牢压紧,从而达到良好的短路接地效果。

四、项目成效

(1) 2017年9月21日,项目组在110 kV竹游线10#耐张塔上将输电线路分体式多角度接地线挂设在绝缘子串外侧导线上,使用方便快捷、接触牢固、操作安全,大大提高了停电检修作业的效率。如图3.7.1所示。

(2) 经过实际作业,输电线路分体式多角度接地线的线夹机构、杆线分体机构、角度方向调节机构、传动机构、绝缘操作杆等部件均得到了有效验证。

图 3.7.1 输电线路分体式多角度接地线的应用

五、应用效益

（1）减少停电作业带来的电量损失。输电线路分体式多角度接地线成本约 1000 元，投入使用后，单次停电作业挂设、拆除接地线能平均节省 0.5 h，综合考虑国网合肥供电公司 220 kV 线路、110 kV 线路及 35 kV 线路停电时线路的输电量，平均 1 小时输电量按 60000 kWh 计算，则每次停电检修作业可节省电量约 30000 kWh，按平均电价 0.56 元/kWh 计算，则节省电费 16800 元。按全年停电检修作业 200 次计算，可多盈利 336 万元。

（2）节省人工检修费用。按停电检修工时费 150 元计算，单次停电检修工作平均节省费用300元。按全年停电检修作业200次计算,可节省人工费用6万元。

综上计算,使用本装置全年可创造经济效益342万元。

(3)提升企业社会形象,提高客户满意度。人民电业为人民,使用该装置可减少施工、检修停电时间,为客户提供优质服务,大大提高国网品牌的影响力。

经过实际操作检验,该装置能够在保障安全作业的前提下,大大提高作业效率。目前,项目组正根据作业步骤和方法,编制《输电线路分体式多角度接地线标准化作业规范》。该成果已申请国家发明专利,2017年11月17日该发明专利公布,公布号为CN 107359435 A。

项目团队 建明劳模创新工作室

项目成员 孙建明　梁华贵　许　义　路　健　陈　成　沈　攀　朱先启
杨玉钦　王　力　孔庆生　耿　祥

项目8
钢绞架空地线腐蚀检测装置

国网安徽电科院

一、研究目的

架空地线(以下简称地线)是输电线路架设在导线上方,保护导线免受雷电直击的线路。架空地线主要为钢绞线,钢绞地线受运行环境影响会产生腐蚀,严重时会导致断股、断线,造成电网故障。钢绞地线腐蚀程度只能通过目测或者剪线取样检测,剪线取样后恢复工作量大;无法定位腐蚀最严重的部位(即断线隐患点);不能评估剩余寿命,为地线腐蚀治理作出正确决策。因此,开展钢绞地线腐蚀检测装置的研究,具有十分重要的意义。如图3.8.1所示。

图 3.8.1 断线现场

二、研究成果

经研究发现,交变电流下的金属腐蚀程度与直流电阻、导纳的虚部等具有相关性,结合交流信号在导体表面传播的集肤效应,项目组开发了钢绞地线腐蚀检测装置。该装置由腐蚀检测仪和爬线器组成,在国内首次实现对钢绞地线腐蚀程度的科学、高效、无损在线检测。如图3.8.2所示。

图 3.8.2 架空地线腐蚀检测装置

三、创新点

本项目的主要创新点如下:

(1)该装置可无损、精确检测地线腐蚀程度,解决了地线腐蚀"无法精准检测"的问题。

(2)该装置具有移动定位功能,可设置检测间距,边"走"边测,首次实现钢绞地线的全面检测,既可检测整段地线的均匀腐蚀程度,又可准确定位局部腐蚀最严重处,解决了钢绞地线"哪里腐蚀最严重"的问题。

(3)根据测试数据以及使用条件,建立了架空地线剩余寿命预测理论模型。智能预测钢绞地线剩余寿命,为钢绞地线的更换提供科学依据,解决了钢绞地线"还能用多久"的问题。

四、项目成效

该装置已在国网安徽省电力有限公司试点应用,取得了良好的效果,尤其是在老旧线路排查与状态评价工作中,取得了良好的经济效益与社会效益。

1. 经济效益

开展地线腐蚀检测,科学地预测出最佳运行寿命,既可避免发生断线故障(超寿命运行),又可避免地线提前退役,减少了地线的折旧损失。以国网安徽省电力有限公司为例,平均每年可创造经济效益约1260万元。

2. 社会效益

该装置为地线运维、老旧杆塔拉线更换提供了科学依据,能防止地线腐蚀断线造成线路跳闸,避免发生拉线断裂造成倒杆、断线事故,保障电网设备的安全、稳定运行,为生产生活提供源源不断的动力。

项目团队	材料工程研究室
项目成员	滕 越　缪春辉　王若民　陈国宏　张 洁　王 伟　赵 骞　方振邦

项目 9
输电线路避雷器地电位安装工器具

国网六安供电公司

一、研究目的

六安市位于大别山山区,雷电活动频繁,运行经验表明,雷击跳闸在输电线路故障跳闸类型中占比最高。根据输电线路防雷治理工作要求,国网六安供电公司积极开展输电线路差异化防雷治理,线路安装避雷器是雷害治理的重要工作之一。

安装避雷器工作通常采用停电安装、等电位安装两种作业形式,但两种作业形式分别受到供电可靠性和自身局限性的影响,经常会延误避雷器安装的最佳时机。因此,研制一种输电线路避雷器地电位安装工器具显得十分必要。

二、研究成果

项目组经过不断地探索试验,研发出一套输电线路避雷器地电位安装工器具及配套作业方法,有效地提高了避雷器的安装效率。

此次创新研制的工器具共分为连接金具和紧固金具两大部分,连接金具是连接导线和避雷器连接线的固定金具,紧固金具是带电紧固连接金具部分螺栓的工具。

1. 连接金具

连接金具由紧固螺栓、防松螺帽、夹具螺杆、压线块、中间连接件、线夹和导线固定钩共7个部分构成。如图3.9.1所示。

中间连接件上设有连接线固定口和夹具固定口,连接线固定口通过螺栓连接避雷器连接线,螺栓内有涂刷过红漆的弹簧垫片,便于后期检查螺栓是否松动。夹具固定口向内穿过夹具螺杆,夹具螺杆一端连接压线块,另一端设紧固螺栓和防松螺帽。

紧固螺栓的作用是推动夹具螺杆使压线块夹紧导线,防松螺帽的作用是防止夹具松动。防松螺帽内的弹簧垫片涂刷过红漆,便于后期检查螺栓是否松动。

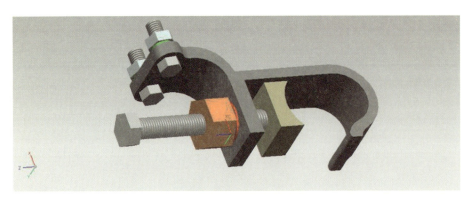

图 3.9.1　连接金具

当杆塔横担尺寸不足,避雷器不能装在绝缘子内侧时,避雷器连接线可以旋转180°,使避雷器安装在绝缘子外侧。

2. 紧固金具

紧固金具由大套筒、小套筒和绝缘操作杆构成,大、小两个套筒后端设有一段螺纹,可与绝缘操作杆连接使用。如图3.9.2所示。

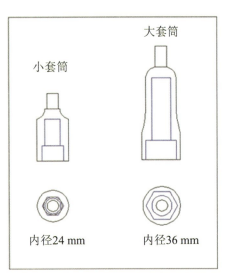

图 3.9.2　紧固金具

绝缘操作杆在地电位安装时起到绝缘的作用。小套筒与紧固螺栓相吻合,通过转动小套筒使夹具朝导线固定钩方向运动,从而达到压线块、导线和导线固定钩三者相互咬合的目的。大套筒与防松螺帽相吻合,通过转动大套筒紧固防松螺帽,达到防止夹具松动的目的。

3. 材质及校验

该工器具针对截面 $\Phi 240\sim 400$ mm 的导线设计,其中连接金具和紧固金具(大、小两套筒)均为铝合金材质,绝缘操作杆为带电作业使用的操作杆,可以多根操作杆对接使用。

该工器具采用 M16 螺栓,螺栓扭矩值可以达到 80 N·m,螺栓由专业工具厂家生产制作,并进行反复试验和比对,确认 M16 螺栓满足运行要求。

该工器具的研发关键点和难点是如何在地电位上实现避雷器的组装工作。在研发前,项目组通过观察接地线导线端的安装过程,认为可以利用类似方法实现地电位安装避雷器,但要对避雷器线夹部分进行改装,以满足远距离紧固线夹的要求。

于是,项目组以悬垂线夹为原型进行设计改造,成功研制出一套可以远距离紧固螺栓的连接金具。紧接着,项目组根据连接金具上紧固螺栓和防松螺母的型号尺寸,分别研制了与其配套使用的大、小套筒。然后,通过绝缘操作杆与大、小套筒的连接使用,一方面保证了地电位带电作业的安全距离,另一方面实现了远距离安装避雷器。

三、创新点

本项目的主要创新点如下:

(1) 实现了避雷器安装不受供电可靠性等因素的限制,提高了避雷器的安装效率。如图 3.9.3 所示。

(2) 降低了等电位作业时的安装风险,减少了等电位作业时的工作量。

(3) 该工器具成本低,适合批量加工生产。如图 3.9.4 所示。

(4) 该工器具现场操作简单、安全可靠,能有效节省人力,实用价值大。

(5) 该工器具能够适用于各种类型的杆塔结构,不受杆塔结构的限制。

图3.9.3 现场实际应用图

图3.9.4 研发的工器具

四、项目成效

1. 经济效益

本次研发的工器具和作业方法,可以在线路带电情况下实现避雷器安装,减少了线路的停电次数,尤其是减少了牵引站等重要用户的停电次数,提高了电网的供电可靠性,降低了电网的运营成本,提高了电网运检的效率、效益。

本次研发的工器具和作业方法,提高了避雷器安装的及时性和安装效率,降低了线路因雷击跳闸的次数,有效保护了电网设备的安全,减少了电网的运营成本。

2. 社会效益

通过该工器具和作业方法的应用,减少了牵引站等重要用户的停电次数,为社会提供了良好的用电环境。目前,该工器具已经获得名为"一种用于线路避雷器的地电位安装工具"的国家专利,并已推广使用。

项目团队	输电运检工区带电班QC小组

项目成员	李茂球 孙 健 刘 斌 沈 菲 鲍远春 李 兵 王 斌 董 军 徐 锐 张怀兵 侯 川 刘书剑 英建超

项目10
输电线路无人机测距装置

国网铜陵供电公司

一、研究目的

架空输电线路运行环境较为恶劣，具有点多、线长、面广的特点，且长期暴露在野外，线路安全监控难度大，加之运维环境复杂、多变，影响输电线路安全运行的外界因素不断增加，如线路走廊内大规模种植高大树木、违章修建蔬菜大棚等，特别是那些存在视觉偏差、不易人工测量树线距离的地方，存在较大安全隐患。目前，输电运维管理部门测量导线与导线下方物体距离的最常见方法是利用激光测距仪或电子经纬仪测量。以电子经纬仪为例，该工具应用广泛，操作简便。但是，由于电子经纬仪自身标定时的精度偏低，且测量时必须选取水平操作平台，目镜测量范围有限，无法对现场特殊区域进行测量，尤其是对线路走廊狭窄地区线下成片高大林木与线路间距的测量因受到地形限制而无法开展。

综上所述，为改进传统测量方式，突破测量作业的环境条件限制，研制一种无人机搭载精确测距系统装置，代替传统测量方法，实现复杂地形环境下对输电线路导线的定点精确测量，具有重大意义。

二、研究成果

随着超声波测距技术及激光测距技术的日益成熟，以及无人机在电网运行各领域的广泛应用，本项目提出一种采用无人机搭载超声波、激光测距设备和倾角测量传感器的测距装置，无人机平台在操作人员遥控下靠近输电线路，对需要测量的树障隐患进行定点测量，再把测量数据实时反馈到地面站显示系统，进行分析、展示。该装置可以覆盖经纬仪测量法的作业盲区,扩大人工线路巡视范围,提高输电线路线下树障的测量效率。

该装置主要包括无人机系统、图像采集系统、测距系统和地面站。无人机系统通过机载GPS定位系统实时获得无人机飞行高度、速度、位置等信息,通过机载变焦摄像机实时记录拍摄到的图像信息,通过机载5.8 GHz无线数据传输单元把飞行数据和图像数据传输到地面站的监控器,为操控人员提供及时、准确的数据支持。为实现图像采集与测距装置的有效结合,系统配备测距显示系统,由专门人员负责测距工作,当地面工作人员通过工作站向机载测距单元发送采集指令之后,机载数据采集模块根据指令完成数据采集,并通过机载433 MHz无线数据传输单元把测得的数据发送到地面工作站,地面工作站对数据进行分析、计算、保存。

系统架构和测距原理如图3.10.1、图3.10.2所示。

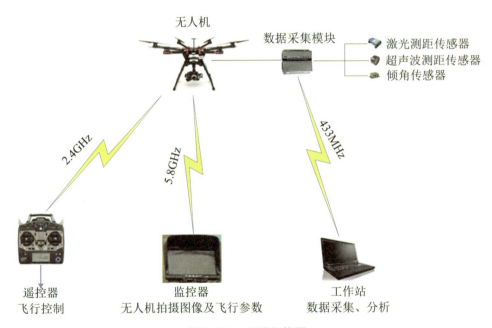

图3.10.1 系统架构图

吊舱软件主要用于吊舱控制器初始化、各测量设备初始化和数据读取,其工作流程如图3.10.3所示。

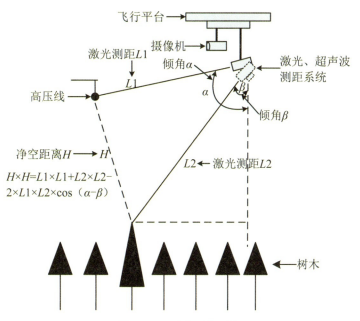

图 3.10.2 测距原理图

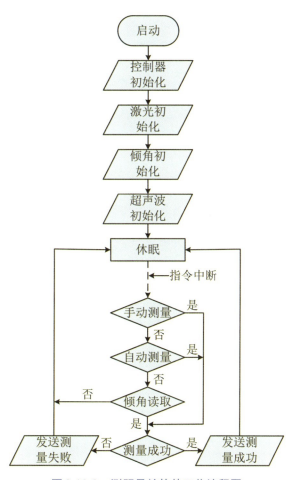

图 3.10.3 测距吊舱软件工作流程图

项目 10 输电线路无人机测距装置

地面站接收分析展示主要包含两个部分,一部分为图像分析展示,另一部分为超声波数据分析展示。图像分析展示部分完成无人机平台发送的图像数据的接收与展示,超声波数据分析展示部分完成超声波测距数据的接收与展示。如图3.10.4所示。

图3.10.4　系统分析展示界面

三、创新点

本项目的主要创新点如下:

(1)无人机技术与输电线路巡视相结合,通过无人机的应用,使得输电线路运行维护人员能够方便、高效地对所辖范围内的线路进行巡视,大大地提高了线路巡视效率。

(2)无人机技术与激光测距、超声波测距技术相结合,不仅扩展了无人机的应用范围,同时也扩展了测距技术的应用范围,使过去只能应用于地面测距的激光测距技术和超声波测距技术能够应用于对输电线路线下净空距离的测量。

(3)测距技术与倾角测量技术相结合,倾角测量技术的应用,使得对线下净空距离的测量成为可能,结合激光测距技术,使得对大面积树障的测量更为准确。

四、项目成效

1. 现场应用效果

经公司安全、技术部门批准后,公司选取开发区变电站和顺乌484线78号杆塔附近现存净空10 m以内的树障,采用无人机搭载超声波测距系统对输电线路走廊下方的树障进行测量,并将测量结果与使用手持激光测距仪的测量数据进行比对,结果表明,使用无人机测距的数据误差率均小于±5%,结果准确,满足树障净空测量的精度要求,效果明显。因此,无人机搭载超声波测距系统使用便捷,受地形影响较小,便于推广。如图3.10.5、图3.10.6所示。

图3.10.5　测距装置组装

图3.10.6　测距装置应用现场

2. 应用效益

(1) 该项目针对性强,促进了线下树障净空距离测量工作的有效开展,为实现线下树障净空距离测量提供了科学手段。

(2) 该项目配套系统已在公司试运行,效果良好,提升了检测能力,实现了对输电线路线下净空距离的高效、准确测量。

(3) 传统线路巡视工作周期长、效率低、实时性差,现在通过输电线路无人机测距装置能够实现对线下净空距离和输电线路周围树障分布情况的有效检测,提高了工作效率和信息采集的速度及精准度,响应了国家提出的"建设节约型社会"的号召。

通过该项目研发,项目组发表论文《输电线路的无人机测距技术研究》1篇,获得国家发明专利"一种用于输电线路的无人机测距装置及其测距方法"1项及实用新型专利"一种用于输电线路的无人机测距装置"1项。

项目团队	圣才劳模创新工作室
项目成员	董泽才　吴圣才　冒文兵　刘昌帅　宋文武　朱光荣　苏　世　刘　磊　赵以明　缪超强

项目 11
"一键式"导线异物清除装置

国网宿州供电公司

一、研究目的

随着电网的快速发展,线路长度不断增加,线路通道环境的复杂性对输电线路的安全运行影响越来越大,特别是导线缠绕异物的事件逐年增多,对输电线路安全运行造成极大的隐患。同时针对单导线线路档距中间导线上的异物,由于作业人员不便于直接攀登至导线处,所以异物清理难度大。目前传统的清理导线异物方式主要有两种:一是将线路停电转检修,人员使用绝缘软梯登至导线异物缠绕处进行人工清理;二是人员登上杆塔,利用绝缘绳来回摩擦来清理导线上异物。

传统的导线异物清除方式效率低、时间长,而且需要作业人员攀登至导线异物缠绕处作业,增加了作业人员的安全风险。若采取停电清理导线异物,将影响居民正常用电,降低了电网的供电可靠性,从而对公司效益造成负面影响。

为改进传统作业方式,提高清除导线异物作业工作效率和安全水平,研制一种线路异物清除工具,在满足安全要求的前提下实现高效率清除导线异物作业,这对减少登高作业的安全隐患,提高作业效率,提升电网企业服务质量,具有重大意义。

二、研究成果

本项目旨在研制一种导线异物清除装置,能在线路不停电的情况下,达到快速清除线路异物的目的,提升作业安全水平,提高工作效率,降低电网运行风险。

借鉴喷火清理异物方式和阀门控制装置,运用头脑风暴法,项目组提出了"一键式"导线异物清除装置的整体方案。该装置通过卧式储气实现主体部件的喷火器功能、电磁控制实现主体部件的遥控阀门功能、绝缘绳和反斗滑车组合实现主体部件的升降功能、环氧树脂实现辅助部件的连接材料功能、螺栓固定实现辅助部件的固定功能。如图3.11.1所示。

图3.11.1 "一键式"导线异物清除装置

"一键式"导线异物清除装置由气罐、遥控放(关)气阀门、绝缘导气管、遥控点火器、逆止阀、支架、遥控装置等部件组成,具有遥控放(关)气、遥控点火等功能;要求遥控距离不低于50 m,火焰长度不低于20 cm,火焰能够抵御5级强风,整体重量不超过3 kg;气罐可储存可燃气体;导气管采用绝缘材料制成,以保障作业安全距离;逆止阀只允许可燃气体沿导气管向外排出,防止外部空气倒流。整个装置通过使用绳索、无人机等方式将工具运送至输电线路导地线异物处,通过遥控装置发送遥控信号进行控制,实现工具遥控喷火,对飘挂物进行快速清除,操作安全、可靠,故障处理效率高。

三、创新点

本项目的主要创新点如下:

(1)进行由喷火嘴及储气罐组成的喷火器的设计。根据现有喷火嘴,项目组先将喷火嘴、储气罐装置进行分解。

(2)通过遥控发射器操作开关电磁气阀,该装置由12 V电气控制系统、电磁气阀、无线遥控开关12 V模块接收器、单路小体积(学习型)遥控器及12 V可充电锂电池组成。通过选用内嵌EV1527/SC2264芯片的遥控器,可遥控距离为300 m,工作温度为-20~70℃,确保遥控距离不小于70 m。加入6 V脉冲高压包发生器,瞬间放电电压达10 kV以上,电弧强而长,点火成功率高。

(3)在装置的外导气管上安装一个提升挂点,喷火器通过提升绳索和滑车实现在导线异物处的升降功能,提升绳索挂在滑车滑轮上,滑车可悬挂在导线上并通过提升绳索拉拽至导线异物处，提升绳索一端系在提升挂点，另一端由地面人员控制。通过拉、放提升绳索的控制端实现喷火器在导线异物处的上升、下降，通过调试提升挂点和控制挂点在外导气管上的固定位置，将提升挂点固定在装置重心与喷火口之间，使得控制绳索在无外力时保持喷火器喷火口向上倾斜，以此获得较大、有效、可控的喷火范围，同时降低装置质量，提高作业安全性。

四、项目成效

1. 现场应用效果

经国网宿州供电公司安全、技术部门批准后，自2017年9月5日以来，该装置陆续在220 kV 刘虹2C14线、220 kV 马欧2V52线、110 kV 姬仙711线、110 kV 沱仙751线等输电线路清除导线异物工作中得到应用，使用效果良好，结构轻便、操作可靠，符合现场应用要求。如图3.11.2所示。

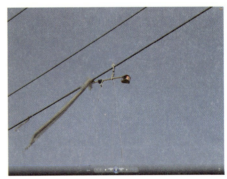

图3.11.2　应用现场

2. 安全效益

"一键式"导线异物清除装置的应用，减少了杆上高空作业工作量，提高了作业工作效率，降低了作业时间，有效地提高了高压架空输电线路清除异物作业的安全水平。

3. 经济效益

2017年11～12月，公司输电运检室对4处异物缠绕进行消除，与常规不带电作业模式相比耗时大大减少，平均每次作业仅需13.25 min，合计多供电量204000 kWh，电价按照0.67998元/kWh计算，共增加电费收入约13.87万元。根据往年年均处理21次异物隐患计算，每年可增加经济效益72.82万元。因此，使用"一键式"导线异物清除装置带来的经济效益非常可观。

4. 社会效益

该装置减少了大量的人工劳动量和杆上作业时间。同时带电清除异物,无须线路停电,不影响居民正常用电,不降低电网供电可靠性,在实际应用中产生了很好的社会效益。

| 项目团队 | 启金劳模创新工作室 |

| 项目成员 | 张 明　廖志斌　林 莉　李毛根　夏华东　郑 浩　吴 翔　叶 辉　于 方　李 军 |

项目12
输电线路直线角钢塔避雷线提升吊点

国网宿州供电公司

一、研究目的

在现有运行的架空输电线路中,角钢塔占比达到80%,其中又以直线角钢塔为主。在直线角钢塔中,避雷线(架空地线)通过地线连接金具(以下简称连接金具)与杆塔连接,实现对地的电气通路,在工作中起着防雷的重要作用。随着输电线路运行年限的不断增加,其避雷线发生断股及线夹松动的情况陆续增多,对架空地线、连接金具进行更换势在必行。

由于直线角钢塔地线支架结构简单,受力点少,且连接金具长度较短,无法使用提线省力工具转移避雷线荷载。使用传统作业方法安装、检修连接金具,劳动强度大、工作效率低、安全风险较大。根据安全生产工作要求,应研制一种适用于输电线路直线角钢塔避雷线提升吊点,使直线角钢塔避雷线连接金具的安装和检修工作更加安全、便捷。

二、研究成果

1. 切割并加工直角45#钢以制作平衡底座

在该装置制作过程中,项目组依据设计尺寸:一是切割1块长100 mm、厚32 mm、宽56 mm的45#钢;二是在底部加工适用于2种避雷线悬挂点的凸型凹槽底座;三是在两侧加工宽16 mm、深26 mm的凹槽;四是在两侧距边缘10 mm处各钻Φ12 mm圆孔并套丝;五是在底座中间钻Φ14 mm圆孔并套丝,作为中轴固定用。制作工艺要求:① 单独放置在角钢上无偏斜,倾斜角度约1°;② 承重能力达到6000 N。

2. 制作半月卡和活节型螺栓并加以组合

按照避雷线支架悬挂点的尺寸制作活节型螺栓并套丝,购买内六角螺栓,按照尺寸使用车床加工半月卡,并在半月卡中间位置钻 $\Phi 11$ mm 圆孔,其中半月卡内径 36 mm、外径 50 mm,活节螺栓长 135 mm(其中套丝长度为 100 mm),内六角螺栓 $\Phi 13$ mm、长 65 mm。制作工艺要求:半月卡与活节型螺栓连接紧密,上、下滑动无卡顿,内径差约 1 mm;活节螺栓与内六角螺栓连接灵活,在 0~320°自由滑动,内径差约 1.5 mm。

3. 制作中轴窄三角挂板

根据工作中需要提升的避雷线行程,加工中轴,并在中轴两侧焊接窄三角挂板。其中中轴 $\Phi 15$ mm、长 255 mm,窄三角宽度在 25~70 mm、厚 6 mm,后续与空心圆筒式钢管进行焊接。制作工艺要求:① 整体承重能力达到 6000 N;② 整体重量约 1 kg。

4. 中轴空心圆筒式钢管

根据中轴直径大小,确定钢管尺寸和直角凸型 45°承托底座钻孔的尺寸,并加工制造。中轴 $\Phi 15$ mm,加工制作内径 16 mm、长 100 mm 的空心钢管,并与窄三角挂板焊接。

5. 工具组装

将该工具的 4 个主要部件组装起来,形成输电线路直线角钢塔避雷线提升吊点。如图 3.12.1 所示。

图 3.12.1 成果组装图

三、创新点

输电线路直线角钢塔避雷线提升吊点有4大功能：

（1）紧固功能。采用直角凸型45#钢，通过安装位置的不同来实现随时紧固。

（2）平衡功能。采用半月卡与活节型螺栓组合，当该装置放在避雷线支架上时，通过底座与支架的互相配合来实现装置整体无负重情况下的平衡。

（3）提升功能。采用中轴窄三角形挂板，实现现有吊点高度的提升，同时设置相应挂点，实现手扳葫芦和滑车等工具的悬挂和使用。

（4）转向功能。采用空心圆筒式钢管，实现工具在使用前及使用过程中适应现场情况，可随时调整滑车等工具位置以便于作业人员操作。

四、项目成效

1. 现场应用效果

经过拉力试验，该提升吊点承受6000 N静荷重的拉力无变形，强度完全满足要求。如图3.12.2所示。利用线路停电的机会现场试用该提升吊点，具体试用情况按以下步骤开展：第一、二次试用先选择在垂直档距较小、杆塔荷载较小的线路上进行，目的是试验工具的操作是否方便、灵活；第三、四次试用选择在垂直档距较大、杆塔荷载较大的线路上进行，目的是试验工具的承载能力。表3.12.1所示为该装置4次现场试用的相关参数。

图3.12.2　使用现场

表3.12.1　4次现场试用的相关参数

序号	试用现场	地线截面（mm^2）	垂直档距（km）	荷载估算（kg）	塔上作业人数	使用情况
1	110 kV 虹泗线70#塔	70	0.261	149	1	试用成功
2	110 kV 姬灵线95#塔	70	0.195	135	1	试用成功
3	220 kV 国双线96#塔	80	0.365	239	1	试用成功
4	220 kV 姬双线56#塔	80	0.285	177	1	试用成功

2. 经济效益

该提升吊点在实际工作中的应用，大大减轻了作业人员的劳动强度，提高了工作效率，减少了作业开支，缩短了工程时间，产生了很大的经济效益。由于地线检修作业是停电作业，所以缩短作业时间就能提高供电量。采用该装置进行1次地线检修作业，节省时间0.7 h。按照110 kV及以上输电线路平均负荷60 MW、商业用电0.8元/kWh计算，使用传统方法和使用该装置进行地线检修各项成本分析如下：

传统施工方法的总成本＝135＋72000＝72135元

使用该装置后的总成本＝30＋38400＝38430元

由此可以看出，使用该装置可增加经济效益33705元，效益非常可观。如表3.12.2所示。

表3.12.2　经济效益分析表

施工方法类别	人员数（人）	停电时间(不含停、送电操作)(h)	工时价格（元/人）	人工费（元）	因停电减少供电收入(元)
传统方法	3	1.5	30	135	72000
使用新工具	1	0.8	30	30	38400

3. 安全效益

使用输电线路直线角钢塔避雷线提升吊点开展检修工作，降低了安全风险，规范了现场安全作业行为，提高了工作安全性，为企业、社会创造了巨大的安全效益。

项目团队　启金劳模创新工作室

项目成员　许启金　李毛根　夏华东　廖志斌　李德波　吴　翔　叶　辉
邱首东　郑　浩　吴　伟　王　伟　张　明　王彦刚

项目13
耐张线夹主动保护装置

国网安庆供电公司

一、研究目的

在架空输电线路的运行过程中,导、地线的连接大量采用压接型电力金具(耐张线夹和接续管),压接型电力金具既要承受导线或地线的全部张力,同时又是导体,起到通流的作用,此类金具一旦安装后,就不再拆卸。但近年来国内"三跨"线路("三跨"指跨越高铁、高速公路、通航水路等重要设施通道)因耐张线夹断裂引发的掉线事故时有发生,严重影响输电线路的安全运行。如图3.13.1、图3.13.2所示。

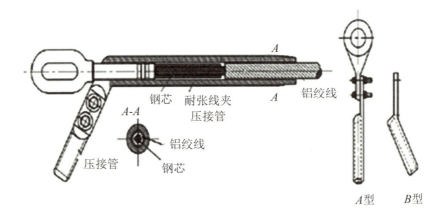

图3.13.1 耐张线夹结构示意图

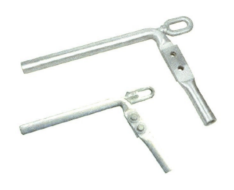

图 3.13.2　耐张线夹实物图

二、研究成果

本项目旨在提出研制一种耐张线夹主动保护装置来实时跟踪输电线路耐张线夹状态变化,一旦耐张线夹断裂,能通过主动干预来避免事故范围扩大。该装置的主要优势为:

(1) 模块化设计,安装简单,供电公司可自行解决安装问题。装置小巧便捷,总成安装占位不超过 250 mm,可带电安装,简单省力,不妨害线路设备。

(2) 后备保护装置原理简单、效果可靠,利用简单力学原理及简单的机械结构实现断裂后备保护。其对称楔块安装在导线上,张力生成即发生自锁;附着安装在导线上的夹板与导线有足够的接触面积,有效防止导线因挤压力而受损(即压损),保护导线不受损伤;楔块通过对称连杆固定连接连板,牢固、稳定。

(3) 加装引流线,确保断裂后的电流通道畅通,消除过流发热对该装置力学性能造成影响。

(4) 传感器功能丰富,安装方便;传感器在耐张线夹发生断裂或张力异常时,能及时通过相连的告警装置发出告警信号,使检修人员能及时知晓并进行处理,最大限度地降低事故影响。

(5) 适用性强,对单导线、分裂导线的安装和作用效果相同。

三、创新点

本项目的主要创新点如下:

1. 断线事故实时预、告警功能

在装置连杆上安装拉力传感器,在导线张力变化时其内部电阻元件值将增大或减小,通过测量电路将这一变化转换为电信号,实现对线路的实时监测,一旦发现数据异常及时发出预警信息;一旦连杆拉力超过设定值,则判定已发生断线事故,告警装置及时发出信号,检修人员可以根据告警信息尽快处理事故,减少线路运行风险,最大限度地降低事故的影响。

2. 断线事故事后保护功能

耐张线夹主动保护装置利用简单力学原理及简单的机械结构实现断线后备保护。其对称楔块安装在导线上,张力生成即发生自锁;附着安装在导线上的夹板与导线有足够的接触面积,有效防止了导线压损,保护导线不受损伤;楔块通过对称连杆固定连接连板,牢固、稳定。加装引流线确保耐张线夹断裂后电流继续流通,同时消除过流发热对该装置力学性能造成影响。如图3.13.3、图3.13.4所示。

图3.13.3 对称楔块结构图

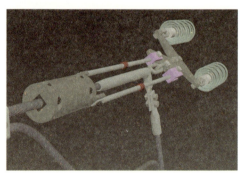
图3.13.4 产品整体侧方位图

3. 模块化配置,可带电安装

该装置总成安装占位不超过250 mm,小巧轻便。模块化配置,安装简单、省力,不影响线路设备,可由输电运维人员带电安装。如图3.13.5所示。

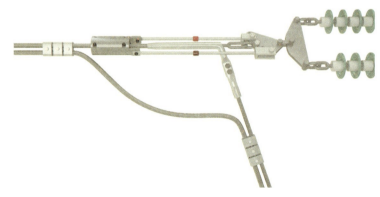
图3.13.5 装置整体结构图

四、项目成效

1. 现场应用效果

耐张线夹主动保护装置可为"三跨"线路耐张线夹提供可靠的后备保护,防止耐张线夹断裂导致的导线甩落以及供电中断。装置还可实现耐张线夹异常工况在线监测功能,使输电线路管理更加智能化、信息化,项目成效显著。

2. 应用效益

(1) 经济效益与社会效益

产品机械部分直接成本在150元以内,连同传感器及告警装置直接成本在500元以内。"三跨"耐张线夹主动保护装置的应用,可在耐张线夹断裂事故发生后,使线路继续运行,避免因电力中断造成的经济损失,以及由导线甩落引起的高铁停运、高速封闭等重大事故,能够大幅提高"三跨"线路的安全性、可靠性,具有重大的经济效益和社会效益。

(2) 安全效益

楔块采用铁质材料和热镀锌工艺制作,抗腐蚀能力强,能对钢铁构件起到较好的防护作用。

(3) 推广应用价值

该装置适用于不同导线,对单导线、分裂导线的安装和作用效果相同,并可拓展应用于线路接续管卡的断裂后备保护,具有很好的推广价值。

项目团队 单德森劳模创新工作室

项目成员 程 敏 杨 昆 操松元 陈国宏 谭 华 方孙伟 蒋立莉
李国圣 方登洲 夏令志

项目 14
带电悬挂绝缘软梯专用工具

国网淮北供电公司

一、研究目的

当输电线路需要人员在导线侧进行检修作业或辅助作业时,导线侧作业最常用的方法是从地面或登塔抛掷牵引绳,通过牵引绳连接绳索对作业工具进行提升悬挂。由于钢芯铝绞线长期使用后,表面会变得十分粗糙,从而使作业工具在提升过程中需要大量的人员,费时、费力,并且对绳索造成严重磨损,而在带电作业过程中,绳索磨损较大会降低绳索的绝缘性能,危及作业人员的人身安全。

为解决上述检修作业安全风险大、所需作业人员多、作业时间较长、劳动强度大等问题,项目组研制出能够适应各种复杂地形条件并且悬挂效果更好的带电悬挂绝缘软梯专用工具,解决了现场检修作业过程中的诸多难题。

二、研究成果

该工具分为4个部分:悬挂部分、脱离部分、连接部分、滑车部分。

悬挂部分包括绝缘钩、悬挂辅助导引板。悬挂部分体积小、结构稳定、操作方便、机械强度高。悬挂部分采用环氧树脂绝缘材料,具有较好的可切割性,便于加工。

脱离部分采用的是长约 10 cm、宽约 3 cm 的绝缘拉板,一端嵌入绝缘钩上部,一端打眼,穿入绝缘绳。在脱离时只需地面作业人员拉动绳索,该工具即可脱离导线。

连接部分采用可调式旋转装置,具有灵活性,在悬挂软梯的过程中可以避免拉绳的缠绕。

滑车部分采用的是用环氧树脂绝缘材料制作的绝缘滑轮,绝缘性能、机械强度均符合现场要求。

在4个部分完成设计加工后,对它们进行连接组装。如图3.14.1所示。利用绝缘绳将工具悬挂至导线位置,从而轻松实现带电悬挂绝缘软梯的目的。

图3.14.1　带电悬挂绝缘软梯专用工具

三、创新点

本项目的主要创新点如下:

1. 开槽打孔设计的绝缘钩

在绝缘钩顶部中间进行开槽加工,同时在侧面钻孔,以固定悬挂辅助导引板。

2. 半月形悬挂辅助导引板

为了使绝缘钩能够顺利悬挂至导线上,项目组设计了长约6 cm的半月形悬挂辅助导引板,一端嵌入绝缘钩头部所开的槽内,另一端通过绝缘绳进行连接,在绝缘绳抛过导线后将该工具拉至导线处,通过导引板,绝缘钩可顺利挂在导线上。

3. 条形脱离辅助拉板

为解决悬挂工具能方便脱离导线的问题,制作条形脱离拉板,将设计好的条形拉板嵌入绝缘钩顶部的槽内,用铆钉固定。将绝缘绳穿入拉板上端的孔中,在作业结束后,地面作业人员只要轻拉绝缘绳,便可让该工具脱离导线。

4. 可调式组合旋转连接装置

为了保证绝缘钩与下部绝缘滑车可靠连接,同时避免在通过滑车拉软梯时绝缘绳缠绕在一起,项目组将槽钢加工成U型,并对两侧和底部进行打孔、打磨处理,使其连接后能够灵活地转动。

四、项目成效

1. 现场应用效果

通过与传统作业方法对比,新工具的应用使得整个带电作业悬挂软梯的人数由5人减少至2人,作业时间也由原来的56 min减少至15 min,大大提高了工作效率。如图3.14.2所示。

图3.14.2 现场应用效果

2. 应用效益

(1) 安全效益

采用该工具工作方便,省时、省力,优化了作业流程,降低了劳动强度,提高了工作效率,避免了绳索的磨损,大大降低了作业人员的安全风险,具有良好的安全效益。

(2) 经济效益

对比该工具作业法与传统直接拉绳作业法,每次工作可节省作业成本910元,仅直接经济效益全年即可达到21840元,经济效益显著。

(3) 社会效益

在当前电力负荷趋于紧张的形势下,采用该工具进行导线侧作业,不但能够节省大量的作业人员,而且能够快速处理、消除输电线路缺陷,实现理想的作业效果,保证输电线路安全运行,保障电力的可靠供应,产生较大的社会效益。

项目团队	张涛劳模创新工作室

项目成员	张涛　郝韩兵　陈强　胡雷雷　王正波　宋兴京　张浩 王军　王飞　沈毅